高等职业教育本科医疗器械类专业规划教材

C语言程序设计综合实训

（供医疗器械类专业用）

主　编　周天绮
副主编　唐平均　杨卫东
编　者　（以姓氏笔画为序）
　　　　杨卫东（浙江药科职业大学）
　　　　陈炜钢（浙江药科职业大学）
　　　　周天绮（浙江药科职业大学）
　　　　郭　超（浙江药科职业大学）
　　　　唐平均（宁波市奉化区剡溪中学）

中国健康传媒集团
中国医药科技出版社

内 容 提 要

本教材是"高等职业教育本科医疗器械类专业规划教材"之一，全书内容涵盖绪论、线性表、排序、查找、数字图像处理及工程实践：设备管理系统，充分体现职业本科教学符点，以目标导向、项目驱动、注重培养实践能力为出发点，力求接近生产实际，体现教学内容的实用性和先进性。本教材是满足医疗器械产品开发、医疗器械技术支持与服务、医疗器械质量管理等岗位对程序开发技能要求的具有医疗器械行业特色的C语言程序设计综合实训教材。

本教材主要供医疗器械类专业教学使用，也可供广大程序设计者自学使用。

图书在版编目（CIP）数据

C语言程序设计综合实训/周天绮主编. —北京：中国医药科技出版社，2023.12
高等职业教育本科医疗器械类专业规划教材
ISBN 978 – 7 – 5214 – 4316 – 5

Ⅰ.①C… Ⅱ.①周… Ⅲ.①C语言 – 程序设计 – 高等职业教育 – 教材 Ⅳ.①TP312.8

中国国家版本馆CIP数据核字（2023）第236212号

美术编辑　陈君杞
版式设计　友全图文

出版　**中国健康传媒集团** | 中国医药科技出版社
地址　北京市海淀区文慧园北路甲22号
邮编　100082
电话　发行：010 – 62227427　邮购：010 – 62236938
网址　www.cmstp.com
规格　889mm×1194mm $^1/_{16}$
印张　12 $^1/_2$
字数　360千字
版次　2023年12月第1版
印次　2023年12月第1次印刷
印刷　天津市银博印刷集团有限公司
经销　全国各地新华书店
书号　ISBN 978 – 7 – 5214 – 4316 – 5
定价　**55.00元**

获取新书信息、投稿、
为图书纠错，请扫码
联系我们。

数字化教材编委会

主　编　周天绮
副主编　唐平均　杨卫东
编　者　（以姓氏笔画为序）
　　　　杨卫东（浙江药科职业大学）
　　　　陈炜钢（浙江药科职业大学）
　　　　周天绮（浙江药科职业大学）
　　　　郭　超（浙江药科职业大学）
　　　　唐平均（宁波市奉化区剡溪中学）

前言 PREFACE

2021 年，中共中央办公厅 国务院办公厅印发了《关于推动现代职业教育高质量发展的意见》，开启了中国特色现代职业教育体系走向提质升级的时代，打造以工程实践及技术应用为导向的本科层次职业教育课程体系以及相适应的教材建设已成为当前的一项重要任务。随着大数据、人工智能、物联网及5G 的应用普及，行业出现了融合趋势，一些岗位及职业标准对信息化提出了更高要求，"C 语言程序设计综合实训"已成为工程技术类相关专业的实践课程。

在认真研究本科层次职业教育的生源情况，广泛调研了医疗器械产品开发、医疗器械技术支持与服务、医疗器械质量管理等岗位对程序开发技能要求后，我们编写了具有医疗器械行业特色的《C 语言程序设计综合实训》教材。本教材主要内容包括绪论和线性表、排序、查找、数字图像处理及工程实践：设备管理系统。内容充分体现职业本科教学特点，以目标导向、项目驱动、注重培养实践能力为出发点，力求接近生产实际，体现教学内容的实用性和先进性。

本教材编写以应用为目的，强化算法理解和编程技能。在每一章开始都以实际的工程案例导入，在每一章最后都编写了实训项目，培养学生的实践技能。本教材由周天绮担任主编，参加编写的还有唐平均、杨卫东、陈炜钢、郭超，由周天绮修改定稿。

本教材不仅适合作为本科层次职业教育、应用型本科教育、高等职业教育程序设计类实训课程的教材，也可以供广大程序设计者自学使用。

本教材在编写过程中得到了许多医疗器械企业技术人员的大力支持，他们对书稿编写提出了许多建没性的意见和建议，在此一并表示诚挚的谢意。受编者水平和经验所限，书中难免有疏漏和不足之处，恳请广大读者批评指正，以便进一步修订、完善。

编　者
2023 年 12 月

CONTENTS 目录

绪论　软件开发概述

岗位情景模拟

情景描述　某 IT 公司接到某学校要求开发该校的学生信息管理系统，学校要求该系统具有录入学生信息、删除学生信息、修改学生信息，查询学生信息、排序学生信息、统计学生信息等功能；系统需操作简单、便捷。IT 公司为开发学生信息管理系统成立了项目组，假设您为该项目组组长组织实施该项目开发。

讨论　1. 学生信息管理系统项目开发过程如何组织实施？

　　　　2. 如何确保学生信息管理系统的各项功能正常运行，且运行中不会出现异常？

第一节　软件开发过程概述

一、软件的概念

软件（software）简单地说就是在计算机中能看得见，但摸不着的东西，也称为"软设备"，软件是指系统中的程序以及开发、使用程序所需要的所有文档的集合。软件分为系统软件和应用软件。

软件并不只是包括可以在计算机上运行的程序，与这些程序相关的文件一般也被认为是软件的一部分。

软件被应用于各个领域，对人们的生活和工作都产生了深远的影响。

1. 系统软件　负责管理计算机系统中各种独立的硬件，使得它们可以协调工作。系统软件使得计算机使用者和其他软件将计算机当作一个整体，而不需要顾及底层每个硬件是如何工作的。

一般来讲，系统软件包括操作系统和一系列基本的工具（比如编译器、数据库管理、存储器格式化、文件系统管理、用户身份验证、驱动管理、网络连接等方面的工具）。

2. 应用软件　是为了某种特定的用途而被开发的软件。它可以是一个特定的程序，比如一个图像浏览器；也可以是一组功能联系紧密，可以互相协作的程序的集合，比如微软的 Office 软件；还可以是一个由众多独立程序组成的庞大的软件系统，比如数据库管理系统。较常见的有：文字处理软件（如 WPS、Word 等）、信息管理软件、辅助设计软件（如 AutoCAD）、实时控制软件、教育与娱乐软件。

二、编程与软件开发

软件开发是一种重要而复杂的技术，它包含了用编程语言和其他技术为计算机系统开发软件的过程。由于软件开发是一个复杂的和常变的过程，它需要仔细的计划、有效的管理，以及大量的资源和技术支持。

软件开发的工作内容包括以下几个方面。

1. 了解客户的要求　在开发软件的早期，客户的要求是第一步。软件开发人员要先认真了解客户的需求，包括功能要求、质量要求以及使用条件等，以便建立一个详细的需求文档。

2. 分析客户的需求　软件开发人员要分析客户的需求，了解客户希望软件达到什么样的效果，并对客户的需求作出衡量分析和把握，确定开发软件所需要的技术和条件。

3. 建立系统原型　开发人员要根据客户的需求，结合本身的技术水平，制定出软件的原型图，以便了解软件的结构、功能和用户界面等。

4. 设计系统结构　软件开发人员要根据客户的需求，结合系统原型，设计出软件的详细结构，规划出功能模块，确定软件的时序图，并编写相关规范说明。

5. 编码编译　根据系统结构和功能模块，使用编程语言进行程序的编写，并使用合适的工具进行编译，将编写的程序编译成计算机可以识别的机器指令，以实现软件真正的功能。

6. 测试系统　在软件开发完成后，软件开发人员要进行系统的测试，确保系统能够满足客户的需求，消除程序中可能出现的缺陷和问题。

7. 部署系统　当软件开发完成并测试通过后，软件开发人员要将软件部署到相应的服务器、网络或系统上，以便让客户正式使用。

8. 维护系统　系统部署后，软件开发人员还要进行系统的维护，即根据客户的反馈和对系统的使用情况，提出改进建议，对系统进行改进和优化，以提高系统的性能和使用效率。

三、软件开发过程

软件开发过程一般分为以下 6 个阶段。

1. 计划　对所要解决的问题进行总体定义，包括了解用户的要求及现实环境，从技术、经济和社会因素等 3 个方面研究并论证本软件项目的可行性，编写可行性研究报告，探讨解决问题的方案，并对可供使用的资源（如计算机硬件、系统软件、人力等）成本，可取得的效益和开发进度作出估计。制订完成开发任务的实施计划。

2. 分析　软件需求分析就是解决做什么的问题。它是一个对用户的需求进行去粗取精、去伪存真、正确理解，然后把它用软件工程开发语言（形式功能规约，即需求规格说明书）表达出来的过程。本阶段的基本任务是和用户一起确定要解决的问题，建立软件的逻辑模型，编写需求规格说明书文档并最终得到用户的认可。需求分析的主要方法有结构化分析方法、数据流程图和数据字典等。本阶段的工作是根据需求说明书的要求，设计建立相应的软件系统的体系结构，并将整个系统分解成若干个子系统或模块，定义子系统或模块间的接口关系，对各子系统进行具体设计定义，编写软件概要设计和详细设计说明书、数据库或数据结构设计说明书，组装测试计划。

3. 设计　软件设计可以分为概要设计和详细设计两个阶段。实际上软件设计的主要任务就是将软件分解成模块，然后进行模块设计。模块是指能实现某个功能的数据和程序说明、可执行程序的程序单元。可以是一个函数、过程、子程序、一段带有程序说明的独立的程序和数据，也可以是可组合、可分解和可更换的功能单元。概要设计就是结构设计，其主要目标就是给出软件的模块结构，用软件结构图表示。详细设计的首要任务就是设计模块的程序流程、算法和数据结构，次要任务就是设计数据库，常用方法还是结构化程序设计方法。

4. 编码　软件编码是指把软件设计转换成计算机可以接受的程序，即写成以某一程序设计语言表示的"源程序清单"。充分了解软件开发语言、工具的特性和编程风格，有助于开发工具的选择以及保证软件产品的开发质量。

当前软件开发中除在专用场合，已经很少使用高级语言了，取而代之的是面向对象的开发语言。其和开发环境大都合为一体，大大提高了开发的速度。

5. 测试　软件测试的目的是以较小的代价发现尽可能多的错误。要实现这个目标的关键在于设计一套出色的测试用例（测试数据和预期的输出结果组成了测试用例）。如何才能设计出一套出色的测试用例，关键在于理解测试方法。不同的测试方法有不同的测试用例设计方法。两种常用的测试方法是白盒法和黑盒法。白盒法的测试对象是源程序，依据的是程序内部的逻辑结构来发现软件的编程错误、结构错误和数据错误。结构错误包括逻辑、数据流、初始化等错误。用例设计的关键是以较少的用例覆盖尽可能多的内部程序逻辑结果。黑盒法依据的是软件的功能或软件行为描述，发现软件的接口、功能和结构错误。其中接口错误包括内部/外部接口、资源管理、集成化以及系统错误。黑盒法用例设计的关键同样也是以较少的用例覆盖模块输出和输入接口。

6. 维护　是指在已完成对软件的研制（分析、设计、编码和测试）工作并交付使用以后，对软件产品所进行的一些软件工程的活动。即根据软件运行的情况，对软件进行适当修改，以适应新的要求，以及纠正运行中发现的错误，编写软件问题报告、软件修改报告。

一个中等规模的软件，如果研制阶段需要 1～2 年的时间，在它投入使用以后，其运行或工作时间可能持续 5～10 年。那么它的维护阶段也是运行的这 5～10 年。在这段时间，人们几乎需要着手解决研制阶段所遇到的各种问题，同时还要解决某些维护工作本身特有的问题。做好软件维护工作，不仅能排除障碍，使软件能正常工作，还可以使它扩展功能、提高性能，为用户带来明显的经济效益。然而遗憾的是，对软件维护工作的重视往往远不如对软件研制工作的重视。事实上，和软件研制工作相比，软件维护的工作量和成本都要大得多。

在实际开发过程中，软件开发并不是从第一步进行到最后一步，而是在任何阶段，在进入下一阶段前一般都有一步或几步的回溯。在测试过程中的问题可能要求修改设计，用户可能会提出一些需要来修改需求说明书等。

第二节　软件需求分析

一、需求获取

　　需求获取（requirement elicitation）是需求工程的主体。对于所建议的软件产品，获取需求是一个确定和理解不同用户类的需要和限制的过程。获取用户需求位于软件需求三个层次的中间一层。业务需求决定用户需求，它描述了用户利用系统需要完成的任务。从这些任务中，分析者能获得用于描述系统活动的特定的软件功能需求，这些系统活动有助于用户执行他们的任务。

　　需求获取是在问题及其最终解决方案之间架设桥梁的第一步。获取需求的一个必不可少的结果是对项目中描述的客户需求的普遍理解。一旦理解了需求，分析者、开发者和客户就能探索出描述这些需求的多种解决方案。参与需求获取者只有在他们理解了问题之后才能开始设计系统，否则，对需求定义的任何改进，设计上都必须大量地返工。把需求获取集中在用户任务上而不是集中在用户接口上，有助于防止开发组由于草率处理设计问题而造成的失误。

　　需求获取、分析、编写需求规格说明和验证并不遵循线性的顺序，这些活动是相互隔开、增量和反复的。当你和客户合作时，你将会问一些问题，并且取得他们所提供的信息（需求获取）。同时，你将处理这些信息以理解它们，并把它们分成不同的类别，还要把客户需求同可能的软件需求相联系（分析）。然后，你可以使客户信息结构化，并编写成文档和示意图（说明）。下一步，就可以让客户代表评审文档并纠正存在的错误（验证）。这四个过程贯穿着需求分析的整个阶段。需求获取可能是软件开发中最困难、最关键、最易出错及最需要交流的方面。需求获取只有通过有效的客户 – 开发者的合作才能成功。分析者必须建立一个对问题进行彻底探讨的环境，而这些问题与产品有关。为了方便清晰地进行交流，就要列出重要的小组，而不是假想所有的参与者都持有相同的看法。对需求问题的全面考察需要一种技术，利用这种技术不但考虑了问题的功能需求方面，还可讨论项目的非功能需求。确定用户已经理解：对于某些功能的讨论并不意味着即将在产品中实现它。对于想到的需求必须集中处理并设定优先级，以避免一个不能带来任何益处的无限大的项目。

　　需求获取是一个需要高度合作的活动，而并不是客户所说的需求的简单誉本。作为一个分析者，必须透过客户所提出的表面需求理解他们的真正需求。询问一个可扩充（open – ended）的问题有助于更好地理解用户目前的业务过程并且知道新系统如何帮助或改进他们的工作。调查用户任务可能遇到的变更，或者用户需要使用系统其他可能的方式。想象你自己在学习用户的工作，你需要完成什么任务？你有什么问题？从这一角度来指导需求的开发和利用。

　　尽量理解用户用于表述他们需求的思维过程。充分研究用户执行任务时作出决策的过程，并提取出潜在的逻辑关系。流程图和决策树是描述这些逻辑决策途径的好方法。

　　在需求获取的过程中，你可能会发现对项目范围的定义存在误差，不是太大就是太小。如果范围太大，你将要收集比真正需要更多的需求，以传递足够的业务和客户的值，此时获取过程将会拖延。如果项目范围太小，那么客户将会提出很重要的但又在当前产品范围之外的需求。当前的范围太小，以致不能提供一个令人满意的产品。需求的获取将导致修改项目的范围和任务，但做出这样具有深远影响的改变，一定要小心谨慎。

二、需求分析

1. 定义 所谓"需求分析"，是指对要解决的问题进行详细的分析，弄清楚问题的要求，包括需要输入什么数据，要得到什么结果，最后应输出什么。可以说，"需求分析"就是确定要计算机"做什么"。

在软件工程中，需求分析指的是在建立一个新的或改变一个现存的电脑系统时描写新系统的目的、范围、定义和功能时所要做的所有的工作。需求分析是软件工程中的一个关键过程。在这个过程中，系统分析员和软件工程师确定顾客的需要。只有在确定了这些需要后，他们才能够分析和寻求新系统的解决方法。

在软件工程的历史中，很长时间里人们一直认为需求分析是整个软件工程中最简单的一个步骤，但在过去十年中，越来越多的人认识到它是整个过程中最关键的一个过程。假如在需求分析时分析者们未能正确地认识到顾客的需要的话，那么最后的软件实际上不可能达到顾客的需要，或者软件无法在规定的时间里完工。

2. 特点 需求分析是一项重要的工作，也是最困难的工作。该阶段工作有以下特点。

（1）用户与开发人员很难进行交流 在软件生存周期中，其他四个阶段都是面向软件技术问题的，只有本阶段是面向用户的。需求分析是对用户的业务活动进行分析，明确在用户的业务环境中软件系统应该"做什么"。但是在开始时，开发人员和用户双方都不能准确地提出系统要"做什么?"。因为软件开发人员不是用户问题领域的专家，不熟悉用户的业务活动和业务环境，又不可能在短期内搞清楚；而用户不熟悉计算机应用的有关问题。由于双方互相不了解对方的工作，又缺乏共同语言，所以在交流时存在着隔阂。

（2）用户的需求是动态变化的 对于一个大型而复杂的软件系统，用户很难精确完整地提出它的功能和性能要求。一开始只能提出一个大概、模糊的功能，只有经过长时间的反复认识才能逐步明确。有时进入到设计、编程阶段才能明确，更有甚者，到开发后期还在提新的要求。这无疑给软件开发带来困难。

（3）系统变更的代价呈非线性增长 需求分析是软件开发的基础。假定在该阶段发现一个错误，解决它需要用一小时的时间，到设计、编程、测试和维护阶段解决，则要花 2.5、5、25、100 倍的时间。

因此，对于大型复杂系统而言，首先要进行可行性研究。开发人员对用户的要求及现实环境进行调查、了解，从技术、经济和社会因素三个方面进行研究并论证该软件项目的可行性，根据可行性研究的结果，决定项目的取舍。

3. 任务

（1）确定对系统的综合要求 虽然功能需求是对软件系统的一项基本需求，但却并不是唯一的需求，通常对软件系统有下述几方面的综合要求：①功能需求；②性能需求；③可靠性和可用性需求；④出错处理需求；⑤接口需求；⑥约束；⑦逆向需求；⑧将来可能提出的要求。

（2）分析系统的数据要求 任何一个软件本质上都是信息处理系统，系统必须处理的信息和系统应该产生的信息很大程度上决定了系统的面貌，对软件设计有深远的影响，因此，必须分析系统的数据要求，这是软件分析的一个重要任务。分析系统的数据要求通常采用建立数据模型的方法。

复杂的数据由许多基本的数据元素组成，数据结构表示数据元素之间的逻辑关系。

利用数据字典可以全面地定义数据，但是数据字典的缺点是不够直观。为了提高可理解性，常常利用图形化工具辅助描述数据结构。使用的图形工具有层次方框图和 Warnier 图。

（3）导出系统的逻辑模型　综合上述两项分析的结果可以导出系统、详细的逻辑模型，通常用数据流图、E-R 图、状态转换图、数据字典和主要的处理算法描述这个逻辑模型。

（4）修正系统开发计划　根据在分析过程中获得的对系统更深入的了解，可以比较准确地估计系统的成本和进度，修正以前制订的开发计划。

4. 方法　进行需求分析，应注意以下几点：①首先调查组织机构情况，包括了解该组织的部门组成情况、各部门的职能等，为分析信息流程做准备；②调查各部门的业务活动情况，包括了解各个部门输入和使用什么数据，如何加工处理这些数据，输出什么信息，输出到什么部门，输出结果的格式是什么；③协助用户明确对新系统的各种要求，包括信息要求、处理要求、完全性与完整性要求；④确定新系统的边界，确定哪些功能由计算机完成或将来准备让计算机完成，哪些活动由人工完成。由计算机完成的功能就是新系统应该实现的功能。

需求分析常用的调查方法如下。

（1）跟班作业　通过亲身参加业务工作来了解业务活动的情况。这种方法可以比较准确地理解用户的需求，但比较耗费时间。

（2）开调查会　通过与用户座谈来了解业务活动情况及用户需求。座谈时，参加者之间可以相互启发。

（3）请专人介绍　邀请业务部门负责人介绍业务活动情况，可以比较准确地理解业务活动流程。

（4）询问　对某些调查中的问题，可以找专人询问。

（5）设计调查表请用户填写　如果调查表设计得合理，这种方法是很有效，也很易于为用户接受的。

（6）查阅记录　即查阅与原系统有关的数据记录，包括原始单据、账簿、报表等。

通过调查了解用户需求后，还需要进一步分析和表达用户的需求。分析和表达用户需求的方法主要包括自顶向下和自底向上两类方法。

三、需求文档的编写

需求的写作形式一般分为两种：面向对象和面向过程。对于不同的受众和应用，采取不同的形式。

面向过程的形式：主要的思想是 IPO 的原则，也就是"输出-处理-输出"，文档格式如下。

（1）首先是对于整体系统的简略介绍，包括目的、确定文档描述的对象和大体内容。

（2）系统上下文，介绍系统和其他系统之间的关系，边界如何划分。

（3）系统的需求分解，介绍完成整体系统需要分解的大框架的需求内容。

（4）具体需求，对于具体需求很简单，按照如下形式完成：①简介；②输入；③处理；④输出。

（5）除了具体需求外，还包括其他相关方面的需求。①接口需求（与其他系统、子系统、模块的接口，用户接口等）所谓的界面原型，其实是接口需求中的内容。由于界面原型通常都很重要，所以可以将这一部分拿出来放到具体需求中去；②界面原型不是仅仅一张图，还包括界面元素的描述、范围、错误提示信息等；③性能需求；④依赖的数据库、第三方软件等；⑤需求优先级排序，用于衡量开发策略。

（6）参考文档　面向对象的形式，整体文档架构和上面描述的一致，区别只有两点：①在系统的需求分解处，用用例的包图来描述，即上面文字描述的图形化显示；②主要区别是具体需求，通过用例的形式来描述，包括介绍、用户（actor）、前置条件、后置条件、触发条件、事件流和备选事件流。

第三节　软件系统架构设计

软件架构（software architecture）是一系列相关的抽象模式，用于指导大型软件系统各个方面的设计。软件架构是一个系统的草图，描述的对象是直接构成系统的抽象组件。各个组件之间的连接明确和相对细致地描述组件之间的通讯。在实现阶段，这些抽象组件被细化为实际的组件，比如具体某个类或者对象。在面向对象领域中，组件之间的连接通常用接口来实现。

软件构架是一个容易理解的概念，但要给出精确的定义很困难。IEEE Working Group on Architecture 把其定义为"系统在其环境中的最高层概念"。构架还包括"符合"系统完整性、经济约束条件、审美需求和样式。它并不仅注重对内部的考虑，还在系统的用户环境和开发环境中对系统进行整体考虑，即同时注重对外部的考虑。

在 Rational Unified Process 中，软件系统的构架（在某一给定点）是指系统重要构件的组织或结构，这些重要构件通过接口与不断减小的构件与接口所组成的构件进行交互。

从和目的、主题、材料和结构的联系上来说，软件架构可以和建筑物的架构相比拟。一个软件架构师需要有广泛的软件理论知识和相应的经验来实施和管理软件产品的高级设计。软件架构师定义和设计软件的模块化、模块之间的交互、用户界面风格、对外接口方法、创新的设计特性，以及高层事物的对象操作、逻辑和流程。

一、软件架构的要素

一般而言，软件系统的架构（architecture）有两个要素。

（1）它是一个软件系统从整体到部分的最高层次的划分　一个系统通常是由元件组成的，而这些元件如何形成、相互之间如何发生作用，则是关于这个系统本身结构的重要信息。

详细地说，就是要包括架构元件（architecture component）、联结器（connector）、任务流（task - flow）。所谓架构元素，也就是组成系统的核心"砖瓦"，而联结器则描述这些元件之间通讯的路径、通讯的机制、通讯的预期结果，任务流则描述系统如何使用这些元件和联结器完成某一项需求。

（2）建造一个系统所作出的最高层次的、以后难以更改的商业和技术决定　在建造一个系统之前会有很多的重要决定需要事先作出，而一旦系统开始进行详细设计甚至建造，这些决定就很难甚至无法更改。显然，这样的决定必定是有关系统设计成败的最重要决定，必须经过非常慎重的研究和考察。

二、软件架构的目标

一般而言，软件架构设计要达到如下目标。

1. 可靠性（reliable）　软件系统对于用户的商业经营和管理来说极为重要，因此软件系统必须非常可靠。

2. 安全性（secure）　软件系统所承担交易的商业价值极高，系统的安全性非常重要。

3. 可扩展性（scalable）　软件必须能够在用户使用率高、用户数目增加很快的情况下，保持合理的性能。只有这样，才能适应用户市场扩展的可能性。

4. 可定制化（customizable）　同样的一套软件，可以根据客户群的不同和市场需求的变化进行调整。

5. 可扩展性（extensible）　在新技术出现的时候，一个软件系统应当允许导入新技术，从而对现有系统进行功能和性能的扩展。

6. 可维护性（maintainable）　软件系统的维护包括两方面：一是排除现有的错误，二是将新的软件需求反映到现有系统中去。一个易于维护的系统可以有效地降低技术支持的花费。

7. 客户体验（customer experience）　软件系统必须易于使用。

8. 市场时机（time to market）　软件用户要面临同业竞争，软件提供商也要面临同业竞争。以最快的速度争夺市场先机非常重要。

三、软件架构的种类

根据关注的角度不同，可以将软件架构分成以下三种。

1. 逻辑架构　软件系统中元件之间的关系，比如用户界面、数据库、外部系统接口、商业逻辑元件等。

2. 物理架构　关注软件元件是如何放到硬件上的，专注于基础设施、某种软硬件体系，甚至云平台等。例如处于上海与北京进行分布的分布式系统的物理架构，这也就是说全部的元件都是属于物理设备，主要的有主机、整合服务器、应用服务器、代理服务器、存储服务器、报表服务器、Web 服务器、网络分流器等。

3. 系统架构　一般涉及两个方面的内容，一是业务架构，二是软件架构。业务架构描述了业务领域主要的业务模块及其组织结构。软件架构是一种思想，一个系统蓝图，是对软件结构组成的规划和职责设定。一个软件里有处理数据存储的处理业务逻辑的、处理页面交互的、处理安全的等许多可逻辑划分出来的部分。

系统架构的设计要求架构师具备软件和硬件的功能和性能的过硬知识，这一工作无疑是架构设计工作中最为困难的工作。

四、软件构架的描述

为了讨论和分析软件构架，必须首先定义构架表示方式，即描述构架重要方面的方式。在 Rational Unified Process 中，软件构架文档记录有这种描述。

1. 构架视图　以多种构架视图来表示软件构架。每种构架视图针对于开发流程中的涉众（例如最终用户、设计人员、管理人员、系统工程师、维护人员等）所关注的特定方面。

构架视图显示了软件构架如何分解为构件，以及构件如何由连接器连接来产生有用的形式，由此记录主要的结构设计决策。这些设计决策必须基于需求以及功能、补充和其他方面的约束。而这些决策又会在较低层次上为需求和将来的设计决策施加进一步的约束。

2. 典型的构架视图集　构架由许多不同的构架视图来表示，这些视图本质上是以图形方式来摘要说明"在构架方面具有重要意义"的模型元素。在 Rational Unified Process 中，从一个典型的视图集开始，该视图集称为"4 + 1 视图模型"。它包括以下内容。

（1）用例视图　包括用例和场景，这些用例和场景包括在构架方面具有重要意义的行为、类或技术风险，是用例模型的子集。

（2）逻辑视图　包括最重要的设计类、从这些设计类到包和子系统的组织形式，以及从这些包和子系统到层的组织形式。它还包括一些用例实现，是设计模型的子集。

（3）实施视图　包括实施模型及其从模块到包和层的组织形式的概览。同时还描述了将逻辑视图中的包和类向实施视图中的包和模块分配的情况。它是实施模型的子集。

（4）进程视图　包括所涉及任务（进程和线程）的描述，它们的交互和配置，以及将设计对象和类向任务的分配情况。只有在系统具有很高程度的并行时，才需要该视图。在 Rational Unified Process 中，它是设计模型的子集。

（5）配置视图　包括对最典型的平台配置的各种物理结点的描述以及将任务（来自进程视图）向物理结点分配的情况。只有在分布式系统中才需要该视图。它是部署模型的一个子集。

构架视图记录在软件构架文档中。可以构建其他视图来表达需要特别关注的不同方面：用户界面视图、安全视图、数据视图等。对于简单系统，可以省略 "4 + 1" 视图模型中的一些视图。

第四节　软件详细设计

软件详细设计的任务是为软件结构图中的每个模块确定所采用的算法和块内数据结构，用某种选定的表达工具给出清晰的描述，表达工具可以自由选择，但工具必须具有描述过程细节的能力，而且能够有利于程序员在编程时便于直接翻译成程序设计语言的源程序。

程序流程图、盒图、PAD 图、HIPU 图、PDL 语言等都是完成详细设计的工具，选择合适的工具并且正确地使用是十分重要的。面向数据结构设计方法（Jackson 方法）是进行详细设计的形式化方法。

在软件详细设计阶段，将生成详细设计说明书，为每个模块确定采用的算法，确定每个模块使用的数据结构，确定每个模块的接口细节。在软件详细设计结束时，软件详细设计说明书通过复审形成正式文档，作为下一个阶段的工作依据。

在概要设计阶段，已经确定了软件系统的总体结构，给出了软件系统中各个组成模块的功能和模块间的接口。作为软件设计的第二步，软件详细设计就是在软件概要设计的基础上，考虑如何实现定义的软件系统，直到对系统中的每个模块给出了足够详细的过程描述。在软件详细设计以后，程序员将根据详细设计的过程编写出实际的程序代码。因此，软件详细设计的结果基本上决定了最终的程序代码质量。

第五节　软件编码

一、软件开发语言及工具的选择

程序编码阶段的任务是将软件的详细设计转换成用程序设计语言实现的程序代码。因此，程序设计语言的性能和设计风格对于程序设计的效能和质量有着直接的关系。

1. 程序设计语言的分类　目前，用于软件开发的程序设计语言已经有数百种，对这些程序设计语言的分类存在不少争议。同一种语言可以归到不同的类中。从软件工程的角度，根据程序设计语言发展的历程，可以把它们大致分为 4 类。

（1）机器语言（第一代语言）　它是由机器指令代码组成的语言。不同的机器有其相应的一套机器语言。用这种语言编写的程序都是二进制代码的形式，且所有的地址分配都是以绝对地址的形式处理。存储空间的安排，寄存器、变址的使用都由程序员自己计划。因此使用机器语言编写的程序很不直观，在计算机内的运行效率很高但编写出的机器语言程序出错率也高。

（2）汇编语言（第二代语言）   汇编语言比机器语言直观，它的每一条符号指令与相应的机器指令有对应关系，同时又增加了一些诸如宏、符号地址等功能。存储空间的安排可由机器解决。不同指令集的处理器系统有自己相应的汇编语言。从软件工程的角度来看，汇编语言只是在高级语言无法满足设计要求时，或者不具备支持某种特定功能（例如特殊的输入/输出）的技术性能时才被使用。

（3）高级程序设计语言（第三代语言）   传统的高级程序设计语言有 FORTRAN、COBOL、AL-GOL、BASIC 等，这些程序语言曾广泛应用。目前，它们都已有多种版本。有的语言得到较大的改进，甚至形成了可视的开发环境，具有图形设计工具、结构化的事件驱动编程模式、开放的环境，使用户可以既快又简便地编制出 Windows 下的各种应用程序。

（4）第四代语言（4GL）   4GL 用不同的文法表示程序结构和数据结构，但是它是在更高一级抽象的层次上表示这些结构，它不再需要规定算法的细节。4GL 兼有过程性和非过程性的两重特性。程序员规定条件和相应的动作（过程性部分），并且指出想要的结果（非过程性部分），然后由 4GL 语言系统运用专门领域的知识来填充过程细节。

第四代语言可分为以下几种类型。

1）查询语言   用户可利用查询语言对预先定义在数据库中的信息进行较复杂的操作。

2）程序生成器   只需很少的语句就能生成完整的第三代语言程序，它不必依赖预先定义的数据库作为它的着手点。

3）其他 4GL   如判定支持语言、原型语言、形式化规格说明语言等。

2. 程序设计语言的选择   为某个特定开发项目选择程序设计语言时，既要从技术角度、工程角度、心理学角度评价和比较各种语言的适用程度，又必须考虑现实可能性。有时需要作出某种合理的折中。

在选择与评价语言时，首先要从问题入手，确定它的要求是什么？这些要求的相对重要性如何？再根据这些要求和相对重要性来衡量能采用的语言。

通常考虑的因素有：①项目的应用范围；②算法和计算复杂性；③软件执行的环境；④性能上的考虑与实现的条件；⑤数据结构的复杂性；⑥软件开发人员的知识水平和心理因素等。其中，项目的应用范围是最关键的因素。

针对计算机的 4 个主要应用领域，为语言做一个粗略的分类。例如，在科学与工程计算领域内，C 语言、C++ 语言得到了广泛的应用，但 FORTRAN 仍然是应用最广泛的语言。在商业数据处理领域中，通常采用 COBOL、RPG 语言编写程序，当然也可选用 SQL 语言或其他专用语言。在系统程序设计和实时应用领域中，汇编语言或一些新的派生语言，如 BLISS、PL/S、Ada、C++ 等得到了广泛的应用。在人工智能领域以及问题求解、组合应用领域，主要采用 LISP 和 PROLOG 语言。

新的更强有力的语言，虽然对于应用有很强的吸引力，但是因为已有的语言已经积累了大量的久经使用的程序，具有完整的资料、支撑软件和软件开发工具，程序设计人员比较熟悉，而且有过类似项目的开发经验和成功的先例，由于心理因素，人们往往宁愿选用原有的语种。所以应当彻底地分析、评价、介绍新的语言，以便从原有语言过渡到新的语言。

二、编码规范与编程风格

编写代码时，保持良好的编码习惯是十分重要的，这样写出的代码既能被编译器正确地识别，又能增强程序的可读性和可维护性。一般来说，不同的编程语言的编码规则是不相同的，下面介绍编写 C 语言程序时应当遵循的一些规则。

1. 基本要求

（1）程序结构清晰，简单易懂，单个函数的程序行数不得超过 100 行。

（2）打算干什么，要简单，直截了当，代码精简，避免垃圾程序。

（3）尽量使用标准库函数和公共函数。

（4）不要随意定义全局变量，尽量使用局部变量。

（5）使用括号以避免二义性。

2. 可读性要求

（1）可读性第一，效率第二。

（2）保持注释与代码完全一致。

（3）每个源程序文件，都有文件头说明。

（4）每个函数，都有函数头说明。

（5）主要变量（结构、联合、类或对象）定义或引用时，注释能反映其含义。

（6）常量定义（define）有相应说明。

（7）处理过程的每个阶段都有相关注释说明。

（8）在典型算法前都有注释。

（9）利用缩进来显示程序的逻辑结构，缩进量一致并以 Tab 键为单位，定义 Tab 为 6 个字节。

（10）循环、分支层次不要超过五层。

（11）注释可以与语句在同一行，也可以在上行。

（12）空行和空白字符也是一种特殊注释。

（13）一目了然的语句不加注释。

（14）注释的作用范围可以为：定义、引用、条件分支以及代码。

（15）注释行数（不包括程序头和函数头说明部分）应占总行数的 1/5 ~ 1/3。

3. 结构化要求

（1）禁止出现两条等价的支路。

（2）禁止使用 goto 语句。

（3）用 if 语句来强调只执行两组语句中的一组。

（4）用 case 实现多路分支。

（5）避免从循环引出多个出口。

（6）函数只有一个出口。

（7）不使用条件赋值语句。

（8）避免不必要的分支。

（9）不要轻易用选择分支去替换逻辑表达式。

4. 正确性与容错性要求

（1）程序首先是正确，其次是优美。

（2）无法证明你的程序没有错误，因此在编写完一段程序后，应先回头检查。

（3）改一个错误时可能产生新的错误，因此在修改前首先考虑对其他程序的影响。

（4）所有变量在调用前必须被初始化。

（5）对所有的用户输入，必须进行合法性检查。

（6）不要比较浮点数的相等，如：$10.0 * 0.1 = 1.0$，不可靠。

（7）程序与环境或状态发生关系时，必须主动去处理发生的意外事件，如文件能否逻辑锁定、打印机是否联机等。

（8）单元测试也是编程的一部分，提交联调测试的程序必须通过单元测试。

第六节　软件测试

一、软件测试的内容

不论是对软件的模块还是整个系统，总有共同的内容要测试，如正确性测试、容错性测试、性能与效率测试、易用性测试、文档测试等。

1. 正确性测试　又称功能测试，它检查软件的功能是否符合规格说明。由于正确性是软件最重要的质量因素，所以其测试也最重要。

基本的方法是构造一些合理输入，检查是否得到期望的输出。这是一种枚举方法，倘若枚举空间是无限的，那么测试无法终止。测试人员一定要设法减少枚举的次数，以提高测试效率。关键在于寻找等价区间，因为在等价区间中，只需用任意值测试一次即可。等价区间的概念可表述如下：

记（A，B）是命题 $f(x)$ 的一个等价区间，在（A，B）中任意取 x_1 进行测试。

如果 $f(x_1)$ 错误，那么 $f(x)$ 在整个（A，B）区间都将出错。

如果 $f(x_1)$ 正确，那么 $f(x)$ 在整个（A，B）区间都将正确。

还有一种有效的测试方法是边界值测试，即采用定义域或者等价区间的边界值进行测试。因为程序员容易疏忽边界情况，程序也"喜欢"在边界值处出错。

例如测试的一段程序。凭直觉等价区间应是（0，1）和（1，$+\infty$）。可取 $x=0.5$ 以及 $x=2.0$ 进行等价测试。再取 $x=0$ 以及 $x=1$ 进行边界值测试。

有一些复杂的程序，我们难以凭直觉与经验找到等价区间和边界值，这时枚举测试就相当有难度。

2. 容错性测试　是检查软件在异常条件下的行为。容错性好的软件能确保系统不发生无法预料的事故。

比较温柔的容错性测试通常构造一些不合理的输入来引诱软件出错，例如：①输入错误的数据类型，如"猴"年"马"月；②输入定义域之外的数值，如上海人常说的"十三点"。

3. 性能与效率测试　主要是测试软件的运行速度和对资源的利用率。有时人们关心测试的"绝对值"，如数据传输速率是每秒多少比特。有时人们关心测试的"相对值"，如某个软件比另一个软件快多少倍。

在获取测试的"绝对值"时，我们要充分考虑并记录运行环境对测试的影响。例如计算机主频、总线结构和外部设备都可能影响软件的运行速度；若与多个计算机共享资源，软件运行可能很慢。

在获取测试的"相对值"时，我们要确保被测试的几个软件运行于完全一致的环境中。硬件环境的一致性比较容易做到（用同一台计算机即可）。但软件环境的因素较多，除了操作系统，程序设计语言和编译系统对软件的性能也会产生较大的影响。如果是比较几个算法的性能，就要求编程语言和编译器也完全一致。

性能与效率测试中很重要的一项是极限测试，因为很多软件系统会在极限测试中崩溃。例如，连续不停地向服务器发送请求，测试服务器是否会陷入死锁状态不能自拔；给程序输入特别大的数据，看看它能否正常运行。

4. 易用性测试　没有一个量化的指标，主观性较强。调查表明，当用户不理解软件中的某个特性时，大多数人首先会向同事、朋友请教。要是再不起作用，就向产品支持部门打电话。只有 30% 的用户会查阅用户手册。

一般认为，如果用户不翻阅手册就能使用软件，那么表明这个软件具有较好的易用性。

5. 文档测试　主要检查文档的正确性、完备性和可理解性。好多人甚至不知道文档是软件的一个组成部分。

正确性是指不要把软件的功能和操作写错，也不允许文档内容前后矛盾。完备性是指文档不可以"虎头蛇尾"，更不许漏掉关键内容。

二、软件测试的常用方法

软件测试的方法和技术是多种多样的。对于软件测试技术，可以从不同的角度加以分类：从是否需要执行被测软件的角度，可分为静态测试和动态测试；从测试是否针对系统的内部结构和具体实现算法的角度来看，可分为黑盒测试和白盒测试。

1. 黑盒测试　又称功能测试或数据驱动测试，是已知产品所应具有的功能，通过测试来检测每个功能是否都能正常使用。在测试时，把程序看作一个不能打开的黑盒子，在完全不考虑程序内部结构和内部特性的情况下，测试者在程序接口进行测试，只检查程序功能是否按照需求规格说明书的规定正常使用、程序是否能适当地接收输入数据而产生正确的输出信息，并且保持外部信息（如数据库或文件）的完整性。黑盒测试方法主要有等价类划分、边值分析、因果图、错误推测等，主要用于软件确认测试。黑盒测试法着眼于程序外部结构，不考虑内部逻辑结构，针对软件界面和软件功能进行测试。它是穷举输入测试，只有把所有可能的输入都作为测试情况使用，才能以这种方法查出程序中所有的错误。实际上测试情况有无穷多个，人们不仅要测试所有合法的输入，还要对那些不合法但是可能的输入进行测试。

2. 白盒测试　又称结构测试或逻辑驱动测试，它是知道产品内部工作过程，可通过测试来检测产品内部动作是否按照规格说明书的规定正常进行，按照程序内部的结构测试程序，检验程序中的每条通路是否都能按预定要求正确工作，而不顾它的功能，白盒测试的主要方法有逻辑驱动、基路测试等，主要用于软件验证。

白盒测试法全面了解程序内部逻辑结构，对所有逻辑路径进行测试，是穷举路径测试。在使用这一方案时，测试者必须检查程序的内部结构，从检查程序的逻辑着手，得出测试数据。贯穿程序的独立路径数是天文数字。但即使每条路径都测试了仍然可能有错误。第一，穷举路径测试决不能查出程序违反了设计规范，即程序本身是个错误的程序。第二，穷举路径测试不可能查出程序中因遗漏路径而导致的错误。第三，穷举路径测试可能发现不了一些与数据相关的错误。

三、软件测试的常用工具

随着软件测试的地位逐步提高，测试的重要性逐步显现，测试工具的应用已经成为了普遍趋势。目前用于测试的工具较多，测试工具的应用可以提高测试的质量、测试的效率、减少测试过程中的重复劳动、实现测试自动化，这些测试工具一般可分为白盒测试工具、黑盒测试工具、性能测试工具，另外还有用于测试管理的工具，下面对常用的测试工具作分析比较。

1. 白盒测试工具 一般是针对代码进行测试，测试中发现的缺陷可以定位到代码级，根据测试工具原理的不同，又可以分为静态测试工具和动态测试工具。静态测试工具直接对代码进行分析，不需要运行代码，也不需要对代码编译链接，生成可执行文件。静态测试工具一般是对代码进行语法扫描，找出不符合编码规范的地方，根据某种质量模型评价代码的质量，生成系统的调用关系图等；动态测试工具与静态测试工具不同，一般采用"插桩"的方式，向代码生成的可执行文件中插入一些监测代码，用来统计程序运行时的数据。其与静态测试工具最大的不同就是动态测试工具要求被测系统实际运行。

（1）C++ Test 可以帮助开发人员防止软件错误，保证代码的健全性、可靠性、可维护性和可移植性。C++ Test 自动测试 C 和 C++ 类、函数或组件，无需编写单个测试实例、测试驱动程序或桩调用。

（2）Code Wizard 代码静态分析工具，先进的 C/C++ 源代码分析工具，使用超过 500 个编码规范自动化地标明危险，但是编译器不能检查到的代码结构。

（3）Insure++ 是一个基于 C/C++ 的自动化的内存错误、内存泄漏的精确检测工具。Insure++ 能够可视化实时内存操作，准确检测出内存泄漏产生的根源。Insure++ 还能执行覆盖性分析，清楚地指示哪些代码已经测试过。

（4）TrueTime 代码运行缓慢是开发过程中一个重要问题。一个应用程序运行速度较慢，程序员不容易找到问题所在，如果不能解决，应用程序的性能将降低并极大地影响应用程序的质量，于是查找和修改性能瓶颈是调整整个代码性能的关键。如何快速地查找性能瓶颈呢？TrueTime 的出现使这个问题变得很容易。当程序员在测试程序时，每完成一次应用话路，TrueTime 都能提供这次对话中函数的调用时间，提供详细的应用程序和组件性能的分析，并自动定位到运行缓慢的代码。这样就能帮助程序员尽快地调整应用程序的性能。TrueTime 支持 C++、Java、Visual Basic 语言环境。

（5）TrueCoverage 是一个代码覆盖率统计工具，在开发过程中，对一个应用程序通过手工测试，总会有一部分代码功能没有被检测到，或者说逐个检测每一个函数的调用是相当费时间的；未被检测的代码不能保证其可靠性，以后程序的失败可能往往就是由这部分未检测的代码造成的。现在我们可以用 TrueCoverage 来解决这些问题，测试程序时，每完成一次应用话路，TrueCoverage 就能够列出在这次对话中所有函数被调用的次数、所占比率等，并可以直接定位到源代码，当然我们也可以合并多个应用话路来进行检测。所以说 TrueCoverage 能通过衡量和跟踪代码执行及代码稳定性，帮助开发团队节省时间和改善代码可靠性。TrueCoverage 支持 C++、Java、Visual Basic 语言环境。

2. 黑盒测试工具 适用于黑盒测试的场合，包括功能测试工具和性能测试工具。黑盒测试工具的一般原理是利用脚本的录制（record）/回放（playback），模拟用户的操作，然后将被测系统的输出记录下来并同预先给定的标准结果比较。黑盒测试工具可以大大减轻黑盒测试的工作量，在迭代开发的过程中，能够很好地进行回归测试。

（1）WinRunner Mercury Interactive 公司的 WinRunner 是一种企业级的功能测试工具，用于检测应用程序是否能够达到预期的功能及正常运行。通过自动录制、检测和回放用户的应用操作，WinRunner 能够有效地帮助测试人员对复杂的企业级应用的不同发布版进行测试，提高测试人员的工作效率和质量，确保跨平台的、复杂的企业级应用无故障发布及长期稳定运行。企业级应用可能包括 Web 应用系统、ERP 系统、CRM 系统等，这些系统在发布之前及升级之后都要经过测试，确保所有功能都能正常运行，没有任何错误。如何有效地测试不断升级更新且不同环境的应用系统，是每个公司都会面临的问题。如果时间或资源有限，这个问题会更加棘手。为了确保那些复杂的企业级应用在不同环境下都能正常可靠地运行，需要一个能简单操作的测试工具来自动完成应用程序的功能性测试，WinRunner 就能够做到这点。

（2）QARun Compuware 公司的软件功能测试工具，为客户/服务器、电子商务到企业资源计划提供重要的商务功能测试。通过将耗时的测试脚本开发和执行任务自动化，QARun 帮助测试人员和 QA 管理人员更有效地工作，以加速应用开发，它提供快速、有效地创建和执行测试脚本，验证测试并分析测试结果的功能。它能够通过加快运行周期来保持测试同步，提高测试投资回报和质量，该工具的功能有：创建测试和执行测试、测试验证、测试结果分析、可改进的数据函数、广泛的支持、集中式知识库、网站分析、智能化测试脚本、自动同步。

（3）LoadRunner 是 MI 公司预测系统行为和性能的负载测试工具，它通过以模拟上千万用户实施并发负载及实时性能监测的方式来确认和查找问题。LoadRunner 是一种适用于各种体系架构的自动负载测试工具，它能预测系统行为并优化系统性能。其测试对象是整个企业的系统，它通过模拟实际用户的操作行为和实行实时性能监测，来帮助更快地查找和发现问题，LoadRunner 能支持广泛的协议和技术。

（4）QALoad 是 Compuware 公司开发的并发性能压力测试工具。软件针对各种测试目标提供了 MS SQLServer、Oracle、ODBC、WWW、NetLoad、Winsock 等不同的测试接口（session），应用范围相当广泛。例如在测试基于 C/S 运行模式、客户端通过 DBLib 访问服务器端 SQLServer 数据库的系统时，QALoad 可以通过模拟客户端大数据量并发对服务器端进行查询、更新等操作，从而达到监控系统并发性能和服务器端性能指标的目的。

3. 其他测试工具 除了上述的测试工具外，还有一些专用的测试工具，例如针对数据库测试的 TestBytes、对应用性能进行优化的 EcoScope 等工具。

4. 测试管理工具 用于对测试进行管理。一般而言，测试管理工具对测试计划、测试用例、测试实施进行管理，测试管理工具还包括对缺陷的跟踪管理。

第七节 软件开发趋势

在如今这个信息化社会，软件已经渗透到我们生活的方方面面。随着计算机技术和编程语言的飞速发展，软件开发也在不断演进。

1. 多样化的编程语言 在未来的软件开发中，我们将看到更加丰富多样的编程语言。从通用编程语言如 Java、Python、JavaScript，到专用编程语言如 Rust、Go、Kotlin，编程语言的选择将根据项目需求和开发者的喜好而定。这种多样化不仅提高了软件的开发效率，还有助于提升软件的安全性和稳定性。

2. 跨平台软件开发 随着移动设备、云计算和物联网技术的普及，软件需要在各种平台上运行。跨平台开发将成为未来软件开发的主流趋势。框架和工具如 React Native、Flutter 和 Electron 等将得到广泛应用，使得开发者能够更轻松地构建能在多个平台上运行的应用程序。

3. 人工智能与软件开发的融合 人工智能（AI）技术的飞速发展，使得 AI 已经成为软件开发的重要组成部分。在未来，将看到更多 AI 技术被整合到软件开发中，如代码生成、智能推荐系统、自动化测试等。这将极大地提高软件开发的效率，同时为用户带来更加智能化的体验。

🔗 **知识链接**

人工智能

在中国，人工智能已越来越多地出现在日常生活中。拉丁美洲通讯社报道称，人脸识别、语音识别、无现金支付、自动驾驶、无人机、机器人、5G连接和大数据分析等逐渐成为中国社会生活的一部分。目前，中国还出现了"人工智能酒店"，由员工和机器人共同负责客房服务、餐厅服务等，客人可以通过人脸识别自助办理入住手续。中国的官方媒体团队中也已有了人工智能主播，其外貌和姿态都相当逼真，以至于很难相信其由人工智能程序生成。人工智能也在医疗保健领域得到广泛应用，是不少疾病诊断、血栓检测、假牙制作等设备和软件的底层技术。

4. 低代码/无代码开发　是指利用可视化界面、模板和组件，让非专业开发者也能轻松创建应用程序的开发方式。随着这种开发方式的普及，越来越多的企业和个人将能够参与到软件开发中来。这将大大降低软件开发的门槛，加快创新速度，推动软件行业的繁荣发展。

5. 安全性和隐私保护　在数字时代，数据安全和隐私保护已成为公众关注的焦点。未来的软件开发需要更加重视安全性和隐私保护，从设计之初就考虑如何防范网络攻击、数据泄露等风险。此外，开发者需要关注法律法规的变化，确保软件符合各国家和地区的数据保护政策。

6. 持续集成与持续交付　随着敏捷开发和DevOps理念的普及，持续集成（CI）与持续交付（CD）在未来软件开发中将发挥更加关键的作用。通过自动化构建、测试和部署流程，CI/CD能够帮助开发团队更快速、更可靠地交付高质量软件。借助现代化的CI/CD工具和平台，开发者将能够实现更高效的协作与迭代。

7. 微服务与容器化　微服务架构和容器化技术（如Docker和Kubernetes）将继续在未来软件开发中占据重要地位。通过将复杂应用程序拆分为独立的、可扩展的小型服务，开发者可以更容易地管理和维护软件。同时，容器化技术可以确保软件在不同环境中一致性地运行，提高了软件的可移植性和可靠性。

8. 开源与协作　开源软件在过去的几十年里已经成为软件开发的一大推动力。在未来，开源将继续发挥关键作用，推动创新和技术的共享。更多的企业和开发者将加入到开源社区中，通过协作共同推动软件技术的进步。

第八节　国产软件

进入21世纪，伴随改革开放推进，国产软件迎来发展的曙光，先后在国际市场上获得资本市场的认可；同时，一批国产软件企业也开始走向历史舞台，焕发生机。最近十年国产软件的发展更为激荡。从数据表现来看，国产软件行业业务收入从2012年的约2.5万亿元增长至2021年的约9.5万亿元。国产软件从业人数也由2013年的470万人增长至2021年的809万人，计算机软件著作权登记数量由2012年的13.92万件增加到2021年的228万件。

其中尤其值得一提的是我国的工业软件。2019—2021年随着我国工业化水平不断提高，两化融合发展成为目前我国工业企业发展时代主题。2019—2021年，我国工业软件行业整体呈上升态势，截至2021年我国工业软件行业市场规模达到了2164亿元。

近年来，我国软件技术和产品已从"能用"迈入"好用"的发展阶段，并具有一定的竞争优势。

但是，由于我国软件开发较晚，社会普遍认为我国在软件技术上还有所欠缺，导致数字化转型进程中采购国外软件产品远多于国产软件。但国外软件产品大量应用不仅威胁到国家信息安全，还会影响到我国软件行业的创新与应用。

"突出重围，参与竞争"是我国自主研发软件的当务之急。我们必须要让国产软件硬起来，争取更多的国际话语权。一方面是，国产软件要放眼全球。国产软件的研发部门必须对标"国际一流"研发自己的产品。另一方面是，国产软件要以质量为重，不能只是满足于"从能用到好用"的变化，还需要走向精品之路，也就是说要从追求"重数量"转变为追求"重质量"。

党的二十大会议提出，要加快建设世界一流企业。数字技术、数字经济是世界科技革命和产业变革的先机，软件作为数字技术和数字经济发展的基础，自然成为衡量全球数字经济竞争力的重要介质。我们需要在数字办公、网络安全、工业互联网、ERP 等关键软件领域打造一批优秀企业，推动关键领域软件国产化进程，并促进国产软件在全球市场的竞争力和市场份额得以跃升。对标世界一流标准，才能让国产软件真正走向国际。

目标检测

答案解析

一、选择题

1. 下列关于计算机硬件与软件关系的叙述，错误的是（　　）。

　　A. 硬件是软件的基础　　　　　　　　　B. 软件可以扩充硬件的功能

　　C. 软件价值低于硬件价值　　　　　　　D. 一定条件下软件与硬件的功能可以相互转化

2. 一个完整的算机软件通常包含（　　）。

　　A. 应用软件和工具软件　　　　　　　　B. 程序、数据和文档

　　C. 商品软件、共享软件和自由软件　　　D. 系统软件和应用软件

3. 可行性研究的目的是（　　）。

　　A. 分析开发系统的必要性　　　　　　　B. 确定系统建设的方案

　　C. 分析系统风险　　　　　　　　　　　D. 确定是否值得开发系统

4. 需求分析阶段的关键任务是确定（　　）。

　　A. 软件开发方法　　　　　　　　　　　B. 软件开发工具

　　C. 软件开发费用　　　　　　　　　　　D. 软件系统的功能

5. Jackson 程序设计方法是一种面向（　　）的设计方法。

　　A. 数据结构　　　　B. 数据流图　　　　C. IPO 图　　　　D. 系统流程图

二、简答题

1. 软件开发的工作内容包括哪些方面？

2. 软件测试的常用方法有哪些？

书网融合……

本章小结

第一章　线性表

岗位情景模拟 -

情景描述　某项目组接到某学校的"学生信息管理系统"的开发任务，该系统中包含了录入学生信息、删除学生信息、修改学生信息、查询学生信息等操作模块。学生信息包括：学号、姓名、班级、成绩等。项目负责人将这些模块指派给某一位程序员开发，假设您是该程序员负责这些模块的设计编程。

讨论　1. 程序中用什么存储结构来建立学生数据集？

　　　　2. 程序中如何对学生数据集进行添加、删除、查找、修改学生信息操作呢？

- -

第一节　线性表的概念

线性表又称线性存储结构，是最简单的一种存储结构，专门用来存储逻辑关系为"一对一"的数据。

在一个数据集中，如果每个数据的左侧都有且仅有一个数据和它有关系，数据的右侧也有且仅有一个数据和它有关系，那么这些数据之间就是"一对一"的逻辑关系。

举个简单的例子：如图 1-1 所示，在 {1, 2, 3, 4, 5} 数据集中，每个数据的左侧都有且仅有一个数据和它紧挨着（除 1 外），右侧也有且仅有一个数据和它紧挨着（除 5 外），这些数据之间就是"一对一"的关系。

图 1-1　"一对一"逻辑关系的数据

使用线性表存储具有"一对一"逻辑关系的数据，不仅可以将所有数据存储到内存中，还可以将

"一对一"的逻辑关系也存储到内存中。

线性表存储数据的方案可以这样来理解，先用一根线将所有数据按照先后次序"串"起来，如图 1－2 所示。图 1－2 中，左侧是"串"起来的数据，右侧是空闲的物理空间。将这"一串儿"数据存放到物理空间中，有两种方法。两种存储方式都可以将数据之间的关系存储起来，从线的一头开始捋，可以依次找到每个数据，且数据的前后位置没有发生改变。像图 1－3 这样，用一根线将具有"一对一"逻辑关系的数据存储起来，这样的存储方式就称为线性表或者线性存储结构。

图 1－2　数据和"一对一"的逻辑关系

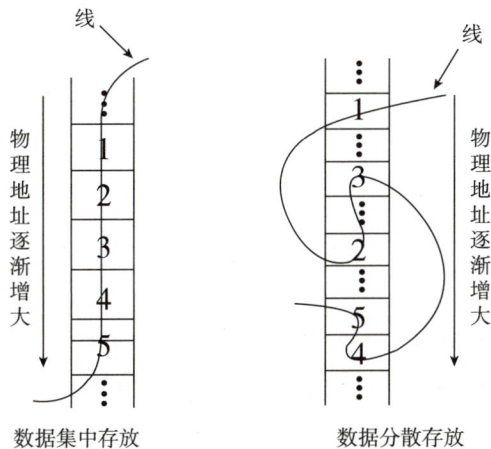

图 1－3　线性存储数据的方法

一、线性表的顺序存储和链式存储

从图 1－3 不难看出，线性表存储数据的实现方案有两种。

（1）如左图，不破坏数据的前后次序，将它们连续存储在内存空间中，这样的存储方案称为顺序存储结构（简称顺序表）。

（2）如右图，将所有数据分散存储在内存中，数据之间的逻辑关系全靠"一根线"维系，这样的存储方案称为链式存储结构（简称链表）。

也就是说，使用线性表存储数据，有两种真正可以落地的存储方案，分别是顺序表和链表。

二、前驱和后继

在具有"一对一"逻辑关系的数据集中，每个个体习惯称为数据元素（简称元素）。例如，图 1－1 显示的这组数据集中，一共有 5 个元素，分别是 1、2、3、4、5。

此外，很多教程中喜欢用前驱和后继来描述元素之间的前后次序：某一元素的左侧相邻元素称为该元素的"直接前驱"，此元素左侧的所有元素统称为该元素的"前驱元素"；某一元素的右侧相邻元素称为该元素的"直接后继"，此元素右侧的所有元素统称为该元素的"后继元素"。

以图 1－4 数据中的元素 3 来说，它的直接前驱是 2，此元素的前驱元素有 2 个，分别是 1 和 2；同理，此元素的直接后继是 4，后继元素也有 2 个，分别是 4 和 5。

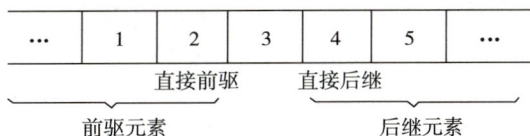

图 1－4　前驱和后继

第二节　顺序表

顺序表又称顺序存储结构，是线性表的一种，专门存储逻辑关系为"一对一"的数据。顺序表存储数据的具体实现方案是：将数据全部存储到一整块内存空间中，数据元素之间按照次序挨个存放。

举个简单的例子，将 {1，2，3，4，5} 这些数据使用顺序表存储，数据最终的存储状态如图 1-5 所示。

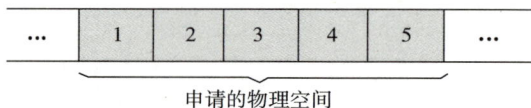

图 1-5　顺序存储结构示意图

一、顺序表的建立

使用顺序表存储数据，除了存储数据本身的值以外，通常还会记录以下两样数据：①顺序表的最大存储容量，即顺序表最多可以存储的数据个数；②顺序表的长度，即当前顺序表中存储的数据个数。

C 语言中，可以定义一个结构体来表示顺序表：

```c
typedef struct{
    int * head;//定义一个名为 head 的长度不确定的数组,也叫"动态数组"
    int length;//记录当前顺序表的长度
    int size;//记录顺序表的存储容量
}Table;
```

尝试建立一个顺序表，例如：

```c
#define Size 5     //对 Size 进行宏定义,表示顺序表的最大容量
void initTable(Table * t){
    //构造一个空的顺序表,动态申请存储空间
    t -> head = (int *)malloc(Size * sizeof(int));
    //如果申请失败,作出提示并直接退出程序
    if(!t -> head)
    {
        printf("初始化失败");
        exit(0);
    }
    //空表的长度初始化为 0
    t -> length =0;
    //空表的初始存储空间为 Size
    t -> size = Size;
}
```

如上所示，整个建立顺序表的过程都封装在一个函数中，建好的顺序表可以存储 5 个逻辑关系为"一对一"的整数。通常情况下，malloc（）函数都可以成功申请内存空间，当申请失败时，示例程序中进行了"输出失败信息和强制程序退出"的操作。

malloc 函数：malloc 的全称是 memory allocation，中文叫动态内存分配，用于申请一块连续的指定大小的内存块区域，以 void * 类型返回分配的内存区域地址，当无法知道内存具体位置的时候，想要绑定真正的内存空间，就需要用到动态地分配内存，且分配的大小就是程序要求的大小。其函数原型为 void * malloc（unsigned int size），其作用是在内存的动态存储区中分配一个长度为 size 的连续空间。此函数的返回值是分配区域的起始地址，或者说，此函数是一个指针型函数，返回的指针指向该分配域的开头位置。如果分配成功则返回指向被分配内存的指针（此存储区中的初始值不确定），否则返回空指针 NULL。当内存不再使用时，应使用 free（）函数将内存块释放。

二、顺序表的使用

通过调用 initTable（）函数，可以成功地创建一个顺序表，还可以往顺序表中存储一些元素。

例如，将 {1，2，3，4，5} 存储到顺序表中，实现代码如下：

```
#include < stdio. h >
#include < stdlib. h >
#define Size 5        //对 Size 进行宏定义,表示顺序表的最大容量

typedef struct{
    int * head;
    int length;
    int size;
}Table;

//创建顺序表
void initTable( Table * t){
    //构造一个空的顺序表,动态申请存储空间
    t -> head = ( int * ) malloc( Size * sizeof( int ) );
    //如果申请失败,作出提示并直接退出程序
    if( !t -> head )
    {
            printf( "初始化失败" );
        exit(0);
    }
    //空表的长度初始化为 0
    t -> length = 0;
    //空表的初始存储空间为 Size
    t -> size = Size;
}
```

```
//输出顺序表中元素的函数
void displayTable( Table t) {
    int i;
    for( i = 0; i < t. length; i++ ) {
        printf( "% d", t. head[i] );
    }
    printf( "\n" );
}

int main( ) {
    int i;
    Table t = {NULL, 0, 0};
    initTable( &t );
    //向顺序表中添加{1,2,3,4,5}
    for( i = 1; i < = Size; i++ ) {
        t. head[i - 1] = i;
        t. length++ ;
    }
    printf( "顺序表中存储的元素分别是:\n" );
    displayTable( t );
    free( t. head );//释放申请的堆内存
    return 0;
}
```

程序运行结果如下:

顺序表中存储的元素分别是:
1 2 3 4 5

三、顺序表的基本操作

1. 插入元素　向已有顺序表中插入数据元素,根据插入位置的不同,可分为以下3种情况:①插入到顺序表的表头;②在表的中间位置插入元素;③尾随顺序表中已有元素,作为顺序表中的最后一个元素。

虽然数据元素插入顺序表中的位置有所不同,但是使用的是同一种方式解决,即通过遍历,找到数据元素要插入的位置,然后做如下两步工作:①将要插入位置元素以及后续的元素整体向后移动一个位置;②将元素放到腾出来的位置上。

例如,在 {1, 2, 3, 4, 5} 的第3个位置上插入元素6,实现过程如下。

（1）遍历至顺序表存储第 3 个数据元素的位置，如图 1-6 所示。

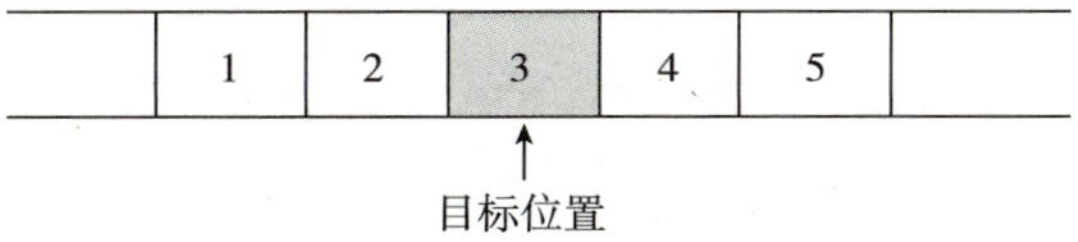

图 1-6 找到目标元素位置

（2）将元素 3、4 和 5 整体向后移动一个位置，如图 1-7 所示。

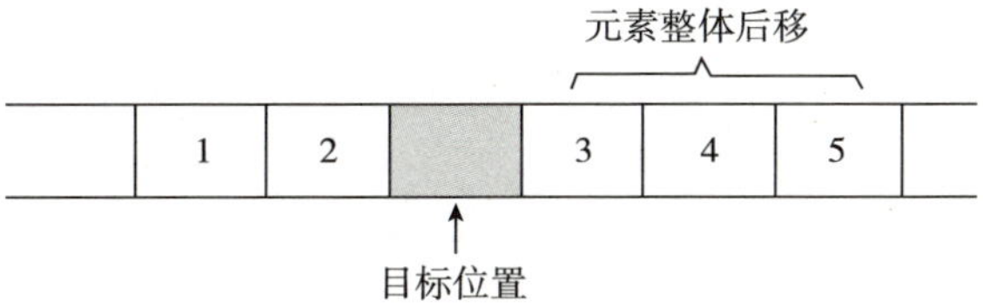

图 1-7 将插入位置腾出

（3）将新元素 6 放入腾出的位置，如图 1-8 所示。

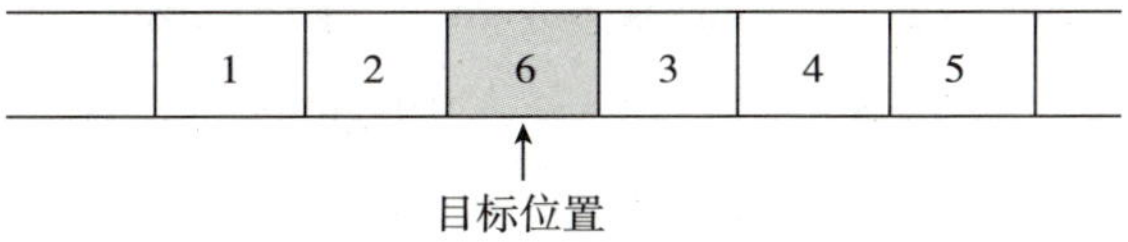

图 1-8 插入目标元素

因此，顺序表插入数据元素的 C 语言实现代码如下：

```
//插入函数,其中,elem 为插入的元素,add 为插入到顺序表的位置
void insertTable(Table * t,int elem,int add)
{
    int i;
    /* 如果插入元素位置比整张表的长度 +1 还大( 如果相等,是尾随的情况),或者插入的位置本身不存在,程序作为提示并自动退出 */
    if( add > t -> length +1 || add <1){
        printf("插入位置有问题\n");
        return;
    }
    /* 做插入操作时,首先需要看顺序表是否有多余的存储空间提供给插入的元素,如果没有,需要申请 */
    if( t -> length == t -> size){
        t -> head = ( int * )realloc( t -> head,( t -> size +1 ) * sizeof( int ) );
        if( !t -> head){
            printf("存储分配失败\n");
            return;
        }
```

```
        t -> size + = 1;
    }
    //插入操作,需要将自插入位置之后的所有元素全部后移一位
    for( i = t -> length - 1; i > = add - 1; i—){
        t -> head[ i + 1 ] = t -> head[ i ];
    }
    //后移完成后,直接插入元素
    t -> head[ add - 1 ] = elem;
    t -> length++ ;
}
```

注意:动态数组额外申请更多物理空间使用的是 realloc 函数。此外在实现元素整体后移的过程中,目标位置其实是有数据的,还是 3,只是下一步新插入元素时会把旧元素直接覆盖。

[realloc 函数]

原型:extern void * realloc(void * mem_address, unsigned int newsize)。

语法:指针名 = (数据类型 *)realloc(要改变内存大小的指针名,新的大小)。

新的大小可大可小 (如果新的大小大于原内存大小,则新分配部分不会被初始化;如果新的大小小于原内存大小,可能会导致数据丢失。

头文件:#include < stdlib. h >

功能:先判断当前的指针是否有足够的连续空间,如果有,扩大 mem_address 指向的地址,并且将 mem_address 返回,如果空间不够,先按照 newsize 指定的大小分配空间,将原有数据从头到尾拷贝到新分配的内存区域,而后释放原来 mem_address 所指内存区域 (注意:原来指针是自动释放,不需要使用 free),同时返回新分配的内存区域的首地址。即重新分配存储器块的地址。

返回值:如果重新分配成功则返回指向被分配内存的指针,否则返回空指针 NULL。

注意:当内存不再使用时,应使用 free( )函数将内存块释放。

2. 删除元素 从顺序表中删除指定元素,实现起来非常简单,只需找到目标元素,并将其后续所有元素整体前移 1 个位置即可。

例如,从 {1, 2, 3, 4, 5} 中删除元素 3 的过程如图 1 - 9 所示。

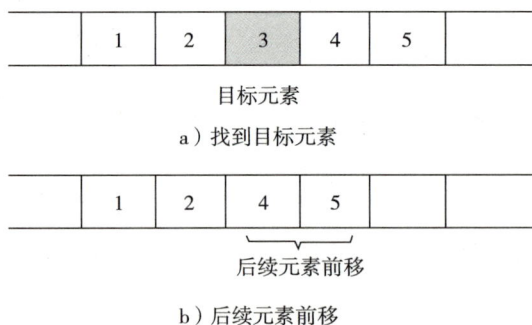

1	2	3	4	5	

目标元素

a) 找到目标元素

1	2	4	5		

后续元素前移

b) 后续元素前移

图 1 - 9 顺序表删除元素的过程示意图

因此，顺序表删除元素的 C 语言实现代码为：

```
void delTable(Table * t,int add){
    int i;
    if(add > t -> length || add < 1){
        printf("被删除元素的位置有误\n");
        return;
    }
    //删除操作
    for(i = add;i < t -> length;i++){
        t -> head[i - 1] = t -> head[i];
    }
    t -> length—;
}
```

3. 查找元素　顺序表中查找目标元素，可以使用多种查找算法实现，如二分查找算法、插值查找算法等。

选择顺序查找算法，具体实现代码为：

```
//查找函数,其中,elem 表示要查找的数据元素的值
int selectTable(table t,int elem){
    for(int i = 0;i < t. length;i++){
        if(t. head[i]== elem){
            return i + 1;
        }
    }
    return - 1;//如果查找失败,返回 - 1
}
```

4. 修改元素　顺序表修改元素的实现过程是：①找到目标元素；②直接修改该元素的值。

顺序表更改元素的 C 语言实现代码为：

```
void amendTable(Table * t,int elem,int newElem){
    int add = selectTable( * t,elem);
    if(add == - 1){
        printf("顺序表中没有找到目标元素\n");
        return;
    }
    t -> head[add - 1] = newElem;
}
```

实训一　顺序表的基本操作

C 语言编程实现顺序表的基本操作，包括：顺序表的初始化、元素的插入、删除、查找、修改等操作。

【程序代码】

```
#include < stdio. h >
#include < stdlib. h >
#define Size 5

typedef struct{
    int * head;//定义一个名为 head 的长度不确定的数组,也叫"动态数组"
    int length;//记录当前顺序表的长度
    int size;//记录顺序表的存储容量
}Table;

//创建顺序表
void initTable(Table * t){
    //构造一个空的顺序表,动态申请存储空间
    t -> head = (int * )malloc(Size * sizeof(int));
    //如果申请失败,作出提示并直接退出程序
    if(!t -> head)
    {
        printf("初始化失败");
        exit(0);
    }
    //空表的长度初始化为 0
    t -> length =0;
    //空表的初始存储空间为 Size
    t -> size = Size;
}

//插入函数,其中,elem 为插入的元素,add 为插入到顺序表的位置
void insertTable(Table * t,int elem,intadd)
{
    int i;
    //如果插入元素位置比整张表的长度 +1 还大(如果相等,是尾随的情况),或者插入的位置本身
不存在,程序作为提示并自动退出
    if(add > t -> length +1 || add <1){
        printf("插入位置有问题\n");
        return;
    }
```

//做插入操作时,首先需要看顺序表是否有多余的存储空间提供给插入的元素,如果没有,需要申请

```c
    if( t -> length == t -> size ) {
        t -> head = ( int * ) realloc( t -> head, ( t -> size + 1 ) * sizeof( int ) );
        if( !t -> head ) {
            printf( "存储分配失败\n" );
            return;
        }
        t -> size + = 1;
    }
    //插入操作,需要将自插入位置之后的所有元素全部后移一位
    for( i = t -> length - 1; i > = add - 1; i— ) {
        t -> head[ i + 1 ] = t -> head[ i ];
    }
    //后移完成后,直接插入元素
    t -> head[ add - 1 ] = elem;
    t -> length++;
}
```

//删除函数
```c
void delTable( Table * t, int add ) {
    int i;
    if( add > t -> length || add < 1 ) {
        printf( "被删除元素的位置有误\n" );
        return;
    }
    //删除操作
    for( i = add; i < t -> length; i++ ) {
        t -> head[ i - 1 ] = t -> head[ i ];
    }
    t -> length—;
}
```

//查找函数
```c
int selectTable( Table t, int elem ) {
    int i;
    for( i = 0; i < t. length; i++ ) {
        if( t. head[ i ] == elem ) {
            return i + 1;
        }
    }
```

```c
        return - 1;
}

//更改函数
void amendTable(Table * t,int elem,int newElem){
    int add = selectTable( * t,elem);
    if( add == - 1){
        printf("顺序表中没有找到目标元素\n");
        return;
    }
    t -> head[ add - 1] = newElem;
}

//输出顺序表中的元素
void displayTable(Table t){
    int i;
    for( i = 0;i < t. length;i++ ){
        printf("% d",t. head[ i]);
    }
    printf("\n");
}

int main( ){
    int i,add;
    Table t = {NULL,0,0};
    initTable(&t);
    for( i = 1;i < = Size;i++ ){
        t. head[ i - 1] = i;
        t. length++ ;
    }
    printf("原顺序表:\n");
    displayTable(t);
    printf("删除元素 1:\n");
    delTable(&t,1);
    displayTable(t);
    printf("在第 2 的位置插入元素 5:\n");
    insertTable(&t,5,2);
    displayTable(t);
    printf("查找元素 3 的位置:\n");
    add = selectTable(t,3);
    printf("% d\n",add);
    printf("将元素 3 改为 6:\n");
```

```
    amendTable(&t,3,6);
    displayTable(t);
    return 0;
}
```

【运行结果】

原顺序表：
1 2 3 4 5
删除元素 1：
2 3 4 5
在第 2 的位置插入元素 5：
2 5 3 4 5
查找元素 3 的位置：
3
将元素 3 改为 6：
2 5 6 4 5

第三节　链　表

一、链表的概念

链表又称单链表、链式存储结构，用于存储逻辑关系为"一对一"的数据。

和顺序表不同，使用链表存储数据，不强制要求数据在内存中集中存储，各个元素可以分散存储在内存中。例如，使用链表存储 {1，2，3}，各个元素在内存中的存储状态可能如图 1 - 10 所示。

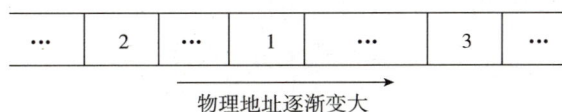

物理地址逐渐变大

图 1 - 10　数据分散存储在内存中

可以看到，数据不仅没有集中存放，在内存中的存储次序也是混乱的。那么，链表是如何存储数据间逻辑关系的呢？链表存储数据间逻辑关系的实现方案是：为每一个元素配置一个指针，每个元素的指针都指向自己的直接后继元素，如图 1 - 11 所示。

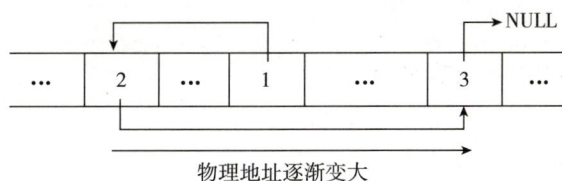

物理地址逐渐变大

图 1 - 11　链表的实现方案

显然，我们只需要记住元素 1 的存储位置，通过它的指针就可以找到元素 2，通过元素 2 的指针就可以找到元素 3，以此类推，各个元素的先后次序一目了然。

像图 1-11 这样，数据元素随机存储在内存中，通过指针维系数据之间"一对一"的逻辑关系，这样的存储结构就是链表。

1. 结点　在链表中，每个数据元素都配有一个指针，这意味着，链表上的每个"元素"都如图 1-12 所示。

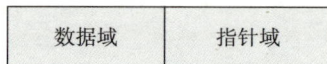

数据域	指针域

图 1-12　链表中的结点结构

数据域用来存储元素的值，指针域用来存放指针。数据结构中，通常将图 1-12 这样的整体称为结点。也就是说，链表中实际存放的是一个一个的结点，数据元素存放在各个结点的数据域中。举个简单的例子，将图 1-11 中 {1，2，3} 的存储状态用链表表示，如图 1-13 所示。

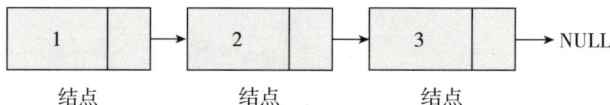

图 1-13　链表中的结点

在 C 语言中，可以用结构体表示链表中的结点，例如：

```
typedef struct link{
    int elem;//代表数据域
    struct link * next;//代表指针域,指向直接后继元素
}Link;
```

我们习惯将结点中的指针命名为 next，因此指针域又常称为"Next 域"。

2. 头指针和结点　图 1-13 所示的链表并不完整，一个完整的链表应该由以下几部分构成。

（1）头指针　一个和结点类型相同的指针，它的特点是：永远指向链表中的第一个结点。上文提到过，链表中需要记录第一个元素的存储位置，就是用头指针实现。

（2）结点　链表中的结点又细分为头结点、首元结点和其他结点。

1）头结点　某些场景中，为了方便解决问题，会故意在链表的开头放置一个空结点，这样的结点就称为头结点。也就是说，头结点是位于链表开头、数据域为空（不利用）的结点。

2）首元结点　指的是链表开头第一个存有数据的结点。

3）其他结点　链表中其他的结点。

一个完整的链表是由头指针和诸多个结点构成的。每个链表都必须有头指针，但头结点不是必须的。

例如，创建一个包含头结点的链表存储 {1，2，3}，如图 1-14 所示。

再次强调，头指针永远指向链表中的第一个结点。换句话说，如果链表中包含头结点，那么头指针指向的是头结点，反之头指针指向首元结点。

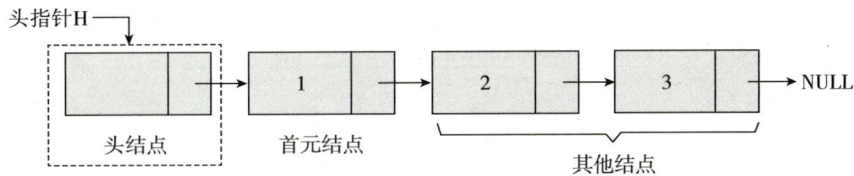

图 1 - 14　完整的链表示意图

3. 链表的创建　创建一个链表，实现步骤如下：①定义一个头指针；②创建一个头结点或者首元结点，让头指针指向它；③每创建一个结点，都令其直接前驱结点的指针指向它。

例如，创建一个存储 {1，2，3，4} 且无头结点的链表，C 语言实现代码为：

```
Link * initLink( ) {
    int i;
    //1. 创建头指针
    Link * p = NULL;
    //2. 创建首元结点
    Link * temp = ( Link * ) malloc( sizeof( Link ) );
    temp -> elem = 1;
    temp -> next = NULL;
    //头指针指向首元结点
    p = temp;
    //3. 每创建一个结点,都令其直接前驱结点的指针指向它
    for( i = 2; i < 5; i++ ) {
        //创建一个结点
        Link * a = ( Link * ) malloc( sizeof( Link ) );
        a -> elem = i;
        a -> next = NULL;
        //每次 temp 指向的结点就是 a 的直接前驱结点
        temp -> next = a;
        //temp 指向下一个结点(也就是 a),为下次添加结点做准备
        temp = temp -> next;
    }
    return p;
}
```

再比如，创建一个存储 {1，2，3，4} 且含头结点的链表，则 C 语言实现代码为：

```
Link * initLink( ) {
    int i;
    //1. 创建头指针
    Link * p = NULL;
```

```
//2.创建头结点
Link * temp = ( Link * ) malloc( sizeof( Link ) ) ;
temp -> elem = 0 ;
temp -> next = NULL ;
//头指针指向头结点
p = temp ;
//3. 每创建一个结点,都令其直接前驱结点的指针指向它
for( i = 1 ; i < 5 ; i++ ) {
    //创建一个结点
    Link * a = ( Link * ) malloc( sizeof( Link ) ) ;
    a -> elem = i ;
    a -> next = NULL ;
    //每次 temp 指向的结点就是 a 的直接前驱结点
    temp -> next = a ;
    //temp 指向下一个结点( 也就是 a ),为下次添加结点做准备
    temp = temp -> next ;
}
return p ;
}
```

4. 链表的使用 对于创建好的链表,可以依次获取链表中存储的数据,例如:

```
#include < stdio. h >
#include < stdlib. h >
//链表中结点的结构
typedef struct link {
    int    elem ;
    struct link * next ;
} Link ;

Link * initLink( ) {
    int i ;
    //1. 创建头指针
    Link * p = NULL ;
    //2. 创建头结点
    Link * temp = ( Link * ) malloc( sizeof( Link ) ) ;
    temp -> elem = 0 ;
    temp -> next = NULL ;
    //头指针指向头结点
    p = temp ;
```

```
//3.每创建一个结点,都令其直接前驱结点的指针指向它
for(i = 1;i < 5;i++){
    //创建一个结点
    Link * a = (Link * )malloc(sizeof(Link));
    a -> elem = i;
    a -> next = NULL;
    //每次 temp 指向的结点就是 a 的直接前驱结点
    temp -> next = a;
    //temp 指向下一个结点(也就是 a),为下次添加结点做准备
    temp = temp -> next;
}
return p;
}
void display(Link * p){
    Link * temp = p;//temp 指针用来遍历链表
    //只要 temp 指向结点的 next 值不是 NULL,就执行输出语句。
    while(temp){
        Link * f = temp;//准备释放链表中的结点
        printf("% d",temp -> elem);
        temp = temp -> next;
    free(f);
    }
    printf("\n");
}
int main(){
    Link * p = NULL;
    printf("初始化链表为:\n");
    //创建链表{1,2,3,4}
    p = initLink();
    //输出链表中的数据
    display(p);
    return 0;
}
```

程序中创建的是带头结点的链表,头结点的数据域存储的是元素 0,因此最终的输出结果为:

0 1 2 3 4

如果不想输出头结点的值,可以将 p -> next 作为实参传递给 display() 函数。

［free 函数］

作用：C 语言中，专门作动态内存的释放和回收。

声明：void free（void * p）

头文件：#include < stdlib. h >

参数：p 指针指向一个要释放内存的内存块，该内存块之前是通过调用 malloc、calloc 或 realloc 进行分配内存的。如果传递的参数是一个空指针，则不会执行任何动作。

返回值：该函数不返回任何值。

二、链表的基本操作

链表的基本操作包括向链表中添加数据、删除链表中的数据、查找和更改链表中的数据。

1. 插入元素 同顺序表一样，向链表中插入元素，根据插入位置不同，可分为以下 3 种情况：①插入到链表的头部，作为首元结点；②插入到链表中间的某个位置；③插入到链表的最末端，作为链表中最后一个结点。

对于有头结点的链表，3 种插入元素的实现思想是相同的，具体步骤是：①将新结点的 next 指针指向插入位置后的结点；②将插入位置前结点的 next 指针指向插入结点。

例如，在链表｛1，2，3，4｝的基础上分别实现在头部、中间、尾部插入新元素 5，其实现过程如图 1 –15 所示。

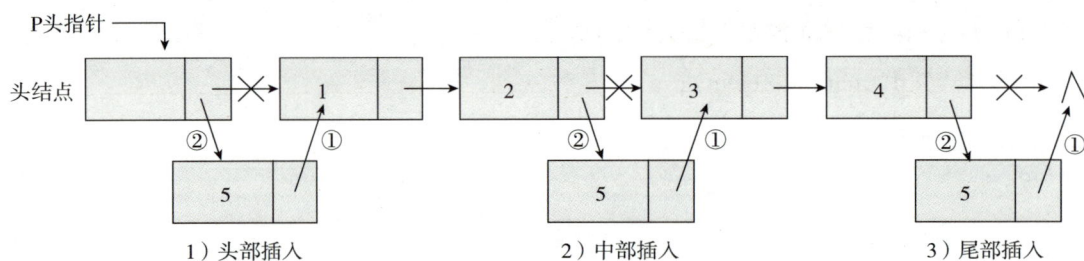

图 1 –15 带头结点链表插入元素的 3 种情况

从图中可以看出，虽然新元素的插入位置不同，但实现插入操作的方法是一致的，都是先执行步骤 1，再执行步骤 2。实现代码如下：

```
void insertElem( Link * p,int elem,int add) {
    int i;
    Link * c = NULL;
    Link * temp = p;//创建临时结点 temp
    //首先找到要插入位置的前一个结点
    for( i = 1;i < add;i++ ) {
        temp = temp -> next;
        if( temp == NULL) {
            printf( "插入位置无效\n" );
            return;
        }
    }
}
```

```
//创建插入结点 c
c = ( Link * ) malloc( sizeof( Link ) ) ;
c -> elem = elem ;
//①将新结点的 next 指针指向插入位置后的结点
c -> next = temp -> next ;
//②插入位置前结点的 next 指针指向插入结点;
temp -> next = c ;
}
```

注意：链表插入元素的操作必须是先步骤1，再步骤2；反之，若先执行步骤2，除非再添加一个指针，作为插入位置后续链表的头指针，否则会导致插入位置后的这部分链表丢失，无法再实现步骤1。

对于没有头结点的链表，在头部插入结点比较特殊，需要单独实现。不带头结点链表插入元素的3种情况如图1-16所示。

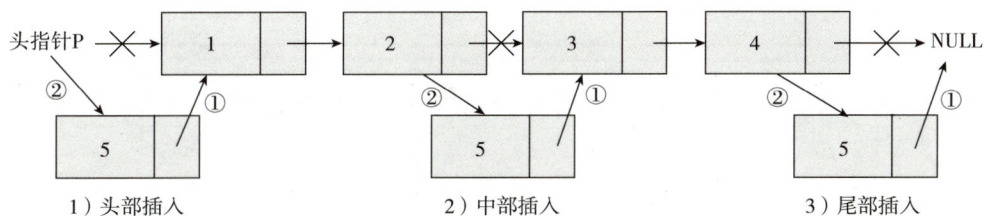

图 1-16　不带头结点链表插入元素的 3 种情况

头部插入和中间插入、尾部插入情况相比，由于链表没有头结点，在头部插入新结点，此结点之前没有任何结点，实现的步骤如下：①将新结点的指针指向首元结点；②将头指针指向新结点。

实现代码如下：

```
Link * insertElem( Link * p, int elem, int add ) {
    if( add == 1 ) {
        //创建插入结点 c
        Link * c = ( Link * ) malloc( sizeof( Link ) ) ;
        c -> elem = elem ;
        c -> next = p ;
        p = c ;
        return p ;
    }
    else {
        int i ;
        Link * c = NULL ;
        Link * temp = p ;//创建临时结点 temp
        //首先找到要插入位置的前一个结点
        for( i = 1 ; i < add - 1 ; i++ ) {
            temp = temp -> next ;
```

```
            if( temp == NULL) {
                    printf( "插入位置无效\n" );
                    return p ;
            }
        }
        //创建插入结点 c
        c = ( Link * ) malloc( sizeof( Link ) ) ;
        c -> elem = elem ;
        //向链表中插入结点
        c -> next = temp -> next ;
        temp -> next = c ;
        return p ;
    }
}
```

注意：当 add == 1 成立时，形参指针 p 的值会发生变化，因此需要它的新值作为函数的返回值返回。

2. 删除元素　从链表中删除指定数据元素时，就是将存有该数据元素的结点从链表中摘除。

对于有头结点的链表来说，无论删除头部（首元结点）、中部、尾部的结点，实现方式都一样，执行以下三步操作：①找到目标元素所在结点的直接前驱结点；②将目标结点从链表中摘下来；③手动释放结点占用的内存空间。

从链表上摘除目标结点，只需找到该结点的直接前驱结点 temp，执行如下操作：

```
temp -> next = temp -> next -> next ;
```

例如，从存有 {1，2，3，4} 的链表中删除存储元素 3 的结点，则此代码的执行效果如图 1 - 17 所示。

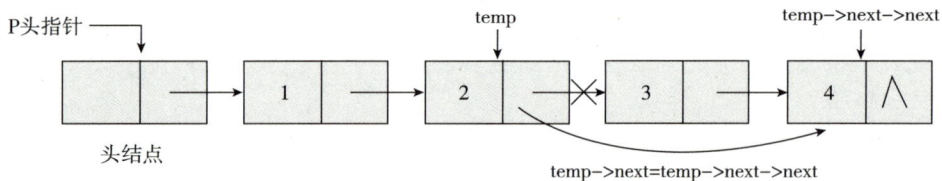

图 1 - 17　带头结点链表删除元素

实现代码如下：

```
//p 为原链表, elem 为要删除的目标元素
int delElem( Link * p, int elem) {
    Link * del = NULL, * temp = p ;
    int find = 0 ;
    //1. 找到目标元素的直接前驱结点
```

```
    while( temp -> next ) {
        if( temp -> next -> elem == elem ) {
            find = 1;
            break;
        }
        temp = temp -> next;
    }
    if( find == 0 ) {
        return -1;//删除失败
    }
    else
    {
        //标记要删除的结点
        del = temp -> next;
        //2. 将目标结点从链表上摘除
        temp -> next = temp -> next -> next;
        //3. 释放目标结点
        free( del );
        return 1;
    }
}
```

对于不带头结点的链表，需要单独考虑删除首元结点的情况，删除其他结点的方式和图 1-17 完全相同。不带头结点链表删除结点，如图 1-18 所示。

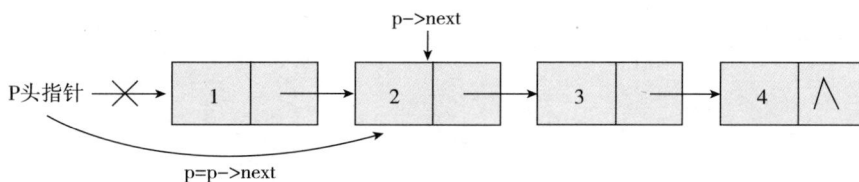

图 1-18 不带头结点链表删除结点

实现代码如下：

```
//p 为原链表,elem 为要删除的目标元素
int delElem( Link ** p, int elem ) {
    Link * del = NULL, * temp = * p;
    //删除首元结点需要单独考虑
    if( temp -> elem == elem ) {
        ( * p ) = ( * p ) -> next;
        free( temp );
```

```
                return 1;
        }
    else
        {

        int find = 0;
        //1. 找到目标元素的直接前驱结点
        while(temp -> next){
            if(temp -> next -> elem == elem){
                find = 1;
                break;
            }
            temp = temp -> next;
        }
        if(find == 0){
            return -1;//删除失败
        }
        else
            {

            //标记要删除的结点
            del = temp -> next;
            //2. 将目标结点从链表上摘除
            temp -> next = temp -> next -> next;
            //3. 释放目标结点
            free(del);
            return 1;
            }
        }
    }
```

函数返回 1 时，表示删除成功；返回 -1，表示删除失败。注意，该函数的形参 p 为二级指针，调用时需要传递链表头指针的地址。

3. 查找元素　在链表中查找指定数据元素，最常用的方法是：从首元结点开始依次遍历所有结点，直至找到存储目标元素的结点。如果遍历至最后一个结点仍未找到，表明链表中没有存储该元素。

因此，链表中查找特定数据元素的 C 语言实现代码为：

```
//p 为原链表,elem 表示被查找元素
int selectElem(Link * p, int elem){
    int i = 1;
    //带头结点,p 指向首元结点
```

```
        p = p -> next;
        while(p) {
            if(p -> elem == elem) {
                return i;
            }
            p = p -> next;
            i++;
        }
        return -1;//返回-1,表示未找到
}
```

注意第 5 行代码,对于有头结点的链表,需要先将 p 指针指向首元结点;反之,对于不带头结点的链表,注释掉第 5 行代码即可。

4. 更改元素　更改链表中的元素,只需通过遍历找到存储此元素的结点,对结点中的数据域做更改操作即可。

链表中更改数据元素的 C 语言实现代码如下:

```
//p 为有头结点的链表,oldElem 为旧元素,newElem 为新元素
int amendElem(Link * p, int oldElem, int newElem) {
    p = p -> next;
    while(p) {
        if(p -> elem == oldElem) {
            p -> elem = newElem;
            return 1;
        }
        p = p -> next;
    }
    return -1;
}
```

函数返回 1,表示更改成功;返回数字 -1,表示更改失败。如果是没有头结点的链表,直接删除第 3 行代码即可。

二、顺序表和链表的区别

1. 存储空间上　顺序存储结构用一段连续的存储单元依次存储线性表的数据元素,物理上连续。链式存储结构用一组任意的存储单元存放线性表的元素,逻辑上连续,但物理上不一定连续。

2. 随机访问性能　顺序存储结构随机访问一个元素可以用下标的方式直接访问,时间复杂度为 O (1)。链式存储结构随机访问一个元素,需要从头到尾遍历,时间复杂度为 O (N)。

3. 任意位置插入或者删除元素　顺序存储结构可能需要搬移元素,效率较低,时间复杂度为 O

（N）。链式存储结构只需修改指针的指向，时间复杂度为 O（1）。

4. 插入元素容量　顺序存储结构动态顺序表中，空间不够时需要扩容，扩容会有一定的消耗，扩容后可能存在一定的空间浪费。链式存储结构没有容量的概念，按需申请空间。

5. 缓存命中率　顺序表的缓存利用率高，而链表的缓存利用率低。

6. 应用场景　若线性表需要频繁查找，很少进行插入和删除操作时，适合采用顺序存储结构。若需要频繁插入和删除时，适合采用单链表结构。当线性表中的元素个数变化较大或者根本不知道有多大时，最好用单链表结构。总之，线性表的顺序存储结构和链式存储结构各有优缺点，不能简单地说哪个好，哪个不好，需要根据实际情况，来综合考虑性能。

表 1-1　顺序表和链表的对比

不同点	顺序表	链表
存储空间上	物理上一定连续	逻辑上连续，但物理上不一定连续
随机访问	支持 O（1）	不支持：O（N）
任意位置插入或者删除元素	可能需要搬移元素，效率低 O（N）	只需修改指针指向
插入	动态顺序表，空间不够时需要扩容	没有容量的概念
应用场景	元素高效存储 + 频繁访问	任意位置插入和删除频繁
缓存命中率	高	低

🔗 知识链接

双链表

　　虽然单链表能 100% 存储逻辑关系为"一对一"的数据，但在解决某些实际问题时，单链表的执行效率并不高。例如，若实际问题中需要频繁地查找某个结点的前驱结点，使用单链表存储数据显然没有优势，因为单链表的强项是从前往后查找目标元素，不擅长从后往前查找元素。

　　解决此类问题，可以建立双向链表（简称双链表）。从名字上理解双向链表，即链表是"双向"的，"双向"指的是各结点之间的逻辑关系是双向的，头指针通常只设置一个。双向链表中各结点包含以下 3 部分信息：①指针域，用于指向当前结点的直接前驱结点；②数据域，用于存储数据元素；③指针域，用于指向当前结点的直接后继结点。同单链表相比，双链表仅是各结点多了一个用于指向直接前驱的指针域。因此，可以在单链表的基础上轻松实现对双链表的创建。

实训二　链表的基本操作

　　C 语言编程实现对带有头结点链表的基本操作，包括：链表的创建，数据元素的插入、删除、查找、修改等操作。

【程序代码】

```c
#include <stdio.h>
#include <stdlib.h>

//链表中结点的结构
typedef struct link{
    int elem;
```

```
        struct link * next;
    }Link;

Link * initLink( ){
        int i;
        //1. 创建头指针
        Link * p = NULL;
        //2. 创建头结点
        Link * temp = ( Link * )malloc( sizeof( Link ) );
        temp -> elem = 0;
        temp -> next = NULL;
        //头指针指向头结点
        p = temp;
        //3. 每创建一个结点,都令其直接前驱结点的指针指向它
        for( i = 1;i < 5;i++ ){
                //创建一个结点
                Link * a = ( Link * )malloc( sizeof( Link ) );
                a -> elem = i;
                a -> next = NULL;
                //每次 temp 指向的结点就是 a 的直接前驱结点
                temp -> next = a;
                //temp 指向下一个结点(也就是 a),为下次添加结点做准备
                temp = temp -> next;
        }
        return p;
}

//p 为链表,elem 为目标元素,add 为要插入的位置
void insertElem( Link * p,int elem,int add ){
        int i;
        Link * c = NULL;
        Link * temp = p;
        //首先找到要插入位置的上一个结点
        for( i = 1;i < add;i++ ){
                temp = temp -> next;
                if( temp == NULL ){
                        printf( "插入位置无效 \n" );
                        return;
                }
        }
```

```c
    //创建插入结点 c
    c = ( Link * ) malloc( sizeof( Link ) );
    c -> elem = elem;
    //①将新结点的 next 指针指向插入位置后的结点
    c -> next = temp -> next;
    //②将插入位置前结点的 next 指针指向插入结点;
    temp -> next = c;
}

//p 为原链表,elem 为要删除的目标元素
int delElem( Link * p,int elem ) {
    Link * del = NULL, * temp = p;
    int find = 0;
    //1. 找到目标元素的直接前驱结点
    while( temp -> next ) {
        if( temp -> next -> elem == elem ) {
            find = 1;
            break;
        }
        temp = temp -> next;
    }
    if( find == 0 ) {
        return - 1;//删除失败
    }
    else
    {
        //标记要删除的结点
        del = temp -> next;
        //2. 将目标结点从链表上摘除
        temp -> next = temp -> next -> next;
        //3. 释放目标结点
        free( del );
        return 1;
    }
}

//p 为原链表,elem 表示被查找元素
int selectElem( Link * p,int elem ) {
    int i = 1;
    //带头结点,p 指向首元结点
```

```
        p = p -> next;
        while( p) {
            if( p -> elem == elem) {
                return i;
            }
            p = p -> next;
            i++ ;
        }
        return -1;//返回 -1,表示未找到
}

//p 为有头结点的链表,oldElem 为旧元素,newElem 为新元素
int amendElem( Link * p,int oldElem,int newElem) {
        p = p -> next;
        while( p) {
            if( p -> elem == oldElem) {
                p -> elem = newElem;
                return 1;
            }
            p = p -> next;
        }
        return -1;
}

//输出链表中各个结点的元素
void display( Link * p) {
        p = p -> next;
        while( p) {
            printf( "% d",p -> elem);
            p = p -> next;
        }
        printf( "\n");
}

//释放链表
void Link_free( Link * p) {
        Link * fr = NULL;
        while( p -> next)
        {
            fr = p -> next;
```

```
            p -> next = p -> next -> next;
            free(fr);
        }
        free(p);
}

int main() {
    Link * p = initLink();
    printf("初始化链表为:\n");
    display(p);
    printf("在第3的位置上添加元素6:\n");
    insertElem(p,6,3);
    display(p);
    printf("删除元素4:\n");
    delElem(p,4);
    display(p);
    printf("查找元素2:\n");
    printf("元素2的位置为:% d\n",selectElem(p,2));
    printf("更改元素1的值为6:\n");
    amendElem(p,1,6);
    display(p);
    Link_free(p);
    return 0;
}
```

【运行结果】

初始化链表为:
1 2 3 4
在第3的位置上添加元素6:
1 2 6 3 4
删除元素4:
1 2 6 3
查找元素2:
元素2的位置为:2
更改元素1的值为6:
6 2 6 3

目标检测

答案解析

一、选择题

1. 线性表是具有 n 个（　　）的有限序列。

    A. 数据项　　　　　　　　　　　　B. 字符

    C. 数据元素　　　　　　　　　　　D. 表元素

2. 线性表是（　　）。

    A. 一个无限序列，可以为空　　　　B. 一个有限序列不可以为空

    C. 一个无限序列，不可以为空　　　D. 一个有限序列，可以为空

3. 线性表采用链式存储时，其地址（　　）。

    A. 必须是连续的　　　　　　　　　B. 一定是不连续的

    C. 部分地址必须是连续的　　　　　D. 连续与否均可以

4. 在带头结点的单链表 L 为空的判定条件是（　　）。

    A. L ＝ NULL　　　　　　　　　　B. L -> NEXT ＝ NULL

    C. L！ ＝ NULL　　　　　　　　　D. L -> NEXT ＝ L

5. 在一个长度为 n 的顺序表中删除第 i 个元素（$0 <＝i< ＝n$）时，需向前移动（　　）个元素。

    A. $n-i$　　　　　　　　　　　　B. $n-i+l$

    C. $n-i-1$　　　　　　　　　　　D. i

6. 设单链表中指针 p 指向结点 m，若要删除 m 之后的结点（若存在），则需修改指针的操作为（　　）。

    A. p -> next = p -> next -> next；　　B. p = p -> next；

    C. p = p -> next -> next；　　　　　D. p -> next = p；

二、简答题

1. 描述以下三个概念的区别：头指针、头结点、首元结点。

2. 对于线性表的两种存储结构，若线性表的总数基本稳定，且很少进行插入和删除操作，但要求以最快的速度存取线性表中的元素，应选用何种存储结构？试说明理由。

书网融合……

本章小结

第二章 排　序

学习目标

【知识要求】

1. 掌握　直接插入排序、冒泡排序、简单选择排序等排序算法的思想、方法和过程。

2. 熟悉　排序算法的概念和评价指标。

3. 了解　各排序算法的特点和应用场景。

【技能要求】

能够合理选择、运用排序算法实现系统中的排序操作。

【素质要求】

培养分析问题、解决问题的计算思维和工程思维；培养团队合作精神及创新意识、创造精神。

岗位情景模拟

情景描述　某项目组接到某学校的"学生信息管理系统"的开发任务，该系统要求包含排序模块：向用户提供一个排序选择列表，系统能够按照选择列表（学号、姓名、性别、专业、学院、成绩）所选中的某一个字段进行排序，并显示其结果。项目负责人将排序模块指派给某一位程序员开发，假设您是该程序员，负责进行排序模块的设计开发。

讨论　1. 目前，有哪些常用的排序算法？如何选择合适的排序算法？

　　　　2. 如果在程序调试过程中发现排序效率较低，应该如何改进？

第一节　排序的基本概念

1. 排序　就是使一串记录，按照其中的某个或某些关键字的大小，递增或递减排列起来的操作。排序算法，就是如何使得记录按照要求排列的方法。排序算法在很多领域得到相当地重视，尤其是在大量数据的处理方面。

2. 排序算法　即通过特定的算法因式将一组或多组数据按照既定模式进行重新排序。这种新序列遵循着一定的规则，体现出一定的规律，因此，经处理后的数据便于筛选和计算，大大提高了计算效率。对于排序，首先要求其具有一定的稳定性，即当两个相同的元素同时出现于某个序列之中，经过一定的排序算法之后，两者在排序前后的相对位置不发生变化。

3. 稳定性　是一个特别重要的评估标准。稳定的算法在排序的过程中不会改变元素彼此位置的相对次序，不稳定的排序算法则经常会改变这个次序。排序算法的稳定性，是一个特别重要的参数衡量指标依据。就如同空间复杂度和时间复杂度一样，有时候甚至比时间复杂度、空间复杂度更重要一些。所以评价一个排序算法的好坏往往可以从下几个方面入手。

（1）时间复杂度　即从序列的初始状态到经过排序算法的变换移位等操作变到最终排序好的结果状态的过程所花费的时间度量。

（2）空间复杂度　即从序列的初始状态经过排序移位变换的过程一直到最终的状态所花费的空间开销。

（3）使用场景　排序算法有很多，不同种类的排序算法适合不同种类的情景，可能有时候需要节省空间对时间要求没那么多，反之，有时候则是希望多考虑一些时间，对空间要求没那么高，总之一般都会必须从某一方面做出抉择。

（4）稳定性　是必须要考虑的问题，往往也是非常重要的影响选择的因素。

排序算法可以分为内部排序和外部排序，内部排序是数据记录在内存中进行排序，而外部排序是因排序的数据很大，一次不能容纳全部的排序记录，在排序过程中需要访问外存。本教材介绍内部排序算法，常见的内部排序算法有：插入排序、希尔排序、选择排序、冒泡排序、归并排序、快速排序、堆排序、基数排序等。

第二节　直接插入排序

插入排序算法是所有排序方法中最简单的一种算法，其主要的实现思想是将数据按照一定的顺序一个一个地插入到有序的表中，最终得到的序列就是已经排序好的数据。插入排序算法包括直接插入排序、折半插入排序、2－路插入排序、表插入排序和希尔排序等。

直接插入排序采用的方法是：在添加新的记录时，使用顺序查找的方式找到其要插入的位置，然后将新记录插入。

例如采用直接插入排序算法将无序表 {3，1，7，5，2，4，9，6} 进行升序排序的过程如下。

（1）首先考虑记录3，由于插入排序刚开始，有序表中没有任何记录，所以3可以直接添加到有序表中，则有序表和无序表如图2-1所示。

有序表：▨　无序表：☐

图 2-1　直接插入排序（1）

（2）向有序表中插入记录1时，和有序表中记录3进行比较，1<3，所以插入到记录3的左侧，如图2-2所示。

有序表：▨　无序表：☐

图 2-2　直接插入排序（2）

（3）向有序表插入记录7时，和有序表中记录3进行比较，3<7，所以插入到记录3的右侧，如图2-3所示。

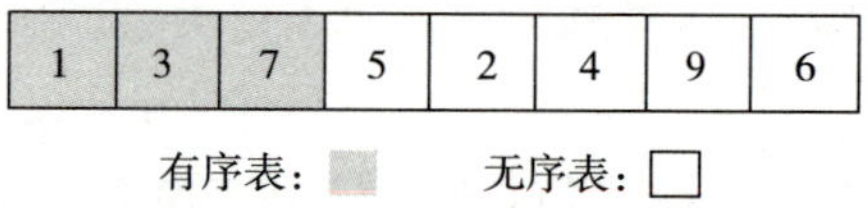

| 1 | 3 | 7 | 5 | 2 | 4 | 9 | 6 |

有序表：█　　无序表：☐

图 2 - 3　直接插入排序（3）

（4）向有序表中插入记录 5 时，和有序表中记录 7 进行比较，5 < 7，同时 5 > 3，所以插入到 3 和 7 中间，如图 2 - 4 所示。

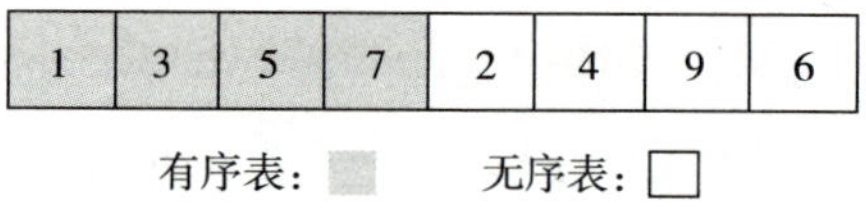

| 1 | 3 | 5 | 7 | 2 | 4 | 9 | 6 |

有序表：█　　无序表：☐

图 2 - 4　直接插入排序（4）

（5）向有序表插入记录 2 时，和有序表中记录 7 进行比较，2 < 7，再同 5，3，1 分别进行比较，最终确定 2 位于 1 和 3 中间，如图 2 - 5 所示。

| 1 | 2 | 3 | 5 | 7 | 4 | 9 | 6 |

有序表：█　　无序表：☐

图 2 - 5　直接插入排序（5）

（6）照此规律，依次将无序表中的记录 4、9 和 6 插入到有序表中，如图 2 - 6 所示。

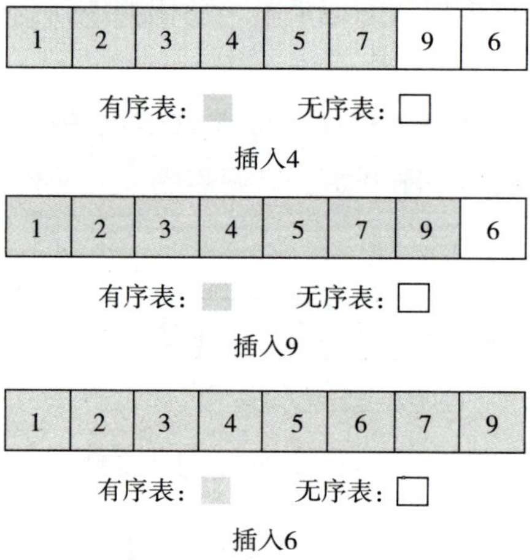

| 1 | 2 | 3 | 4 | 5 | 7 | 9 | 6 |

有序表：█　　无序表：☐

插入 4

| 1 | 2 | 3 | 4 | 5 | 7 | 9 | 6 |

有序表：█　　无序表：☐

插入 9

| 1 | 2 | 3 | 4 | 5 | 6 | 7 | 9 |

有序表：█　　无序表：☐

插入 6

图 2 - 6　依次插入记录 4、9 和 6

直接插入排序的具体代码实现为：

```
#include < stdio. h >
#define N 8

//自定义的输出函数
void print( int a[ ] ,int n,int i) {
    printf( "% d:" ,i) ;
    for( int j = 0 ;j < N;j++ ) {
```

```
            printf("%d",a[j]);
        }
        printf("\n");
    }
```

//直接插入排序函数
```
void InsertSort(int a[],int n)
{
    for(int i=1;i<n;i++){
        if(a[i]<a[i-1]){/*若第i个元素大于i-1元素则直接插入;反之,需要找到适当的插
入位置后再插入。*/
            int j=i-1;
            int x=a[i];
        while(j>-1&& x<a[j]){  /*采用顺序查找方式找到插入的位置,在查找的同时,将数组中
的元素进行后移操作,给插入元素腾出空间。*/
                a[j+1]=a[j];
                j—;
            }
            a[j+1]=x;     //插入到正确位置
        }
        print(a,n,i);//打印每次排序后的结果
    }
}

int main(){
    int a[N]={3,1,7,5,2,4,9,6};
    InsertSort(a,N);
    return 0;
}
```

运行结果为:

1:13752496
2:13752496
3:13572496
4:12357496
5:12345796
6:12345796
7:12345679

直接插入排序算法本身比较简洁，容易实现，该算法的时间复杂度为 O (n^2)。

第三节 冒泡排序

起泡排序又称冒泡排序，该算法的核心思想是将无序表中的所有记录，通过两两比较关键字，得出升序序列或者降序序列。

例如，对无序表 ｜49，38，65，97，76，13，27，49｜ 进行升序排序的具体实现过程如图 2-7 所示。

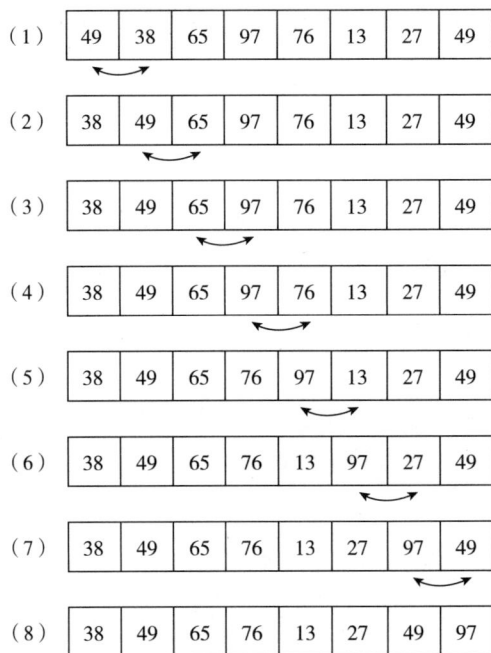

(1) | 49 | 38 | 65 | 97 | 76 | 13 | 27 | 49 |

(2) | 38 | 49 | 65 | 97 | 76 | 13 | 27 | 49 |

(3) | 38 | 49 | 65 | 97 | 76 | 13 | 27 | 49 |

(4) | 38 | 49 | 65 | 97 | 76 | 13 | 27 | 49 |

(5) | 38 | 49 | 65 | 76 | 97 | 13 | 27 | 49 |

(6) | 38 | 49 | 65 | 76 | 13 | 97 | 27 | 49 |

(7) | 38 | 49 | 65 | 76 | 13 | 27 | 97 | 49 |

(8) | 38 | 49 | 65 | 76 | 13 | 27 | 49 | 97 |

图 2-7 第一次起泡

如图 2-7 所示是对无序表的第一次起泡排序，最终将无序表中的最大值 97 找到并存储在表的最后一个位置。具体实现过程如下。

（1）首先比较 49 和 38，由于 38 < 49，所以两者交换位置，如图 2-7 中从（1）到（2）的转变。

（2）然后继续下标为 1 的同下标为 2 的进行比较，由于 49 < 65，所以不移动位置，如图 2-7（3）中 65 同 97 比较得知，两者也不需要移动位置。

（3）直至图 2-7（4）中，97 同 76 进行比较，76 < 97，两者交换位置，如图 2-7（5）所示。

（4）同样 97 > 13（5）、97 > 27（6）、97 > 49（7），所以经过一次冒泡排序，最终在无序表中找到一个最大值 97，第一次冒泡结束。

由于 97 已经判断为最大值，所以第二次冒泡排序时就需要找出除 97 之外的无序表中的最大值，比较过程和第一次完全相同，如图 2-8 所示。

经过第二次冒泡，最终找到了除 97 之外的又一个最大值 76，比较过程完全一样，这里不再描述。

通过一趟趟地比较，一个个的"最大值"被找到并移动到相应位置，直到检测到表中数据已经有序，或者比较次数等同于表中含有记录的个数，排序结束，这就是起泡排序。

（1） | 38 | 49 | 65 | 76 | 13 | 27 | 49 | 97 |

（2） | 38 | 49 | 65 | 76 | 13 | 27 | 49 | 97 |

（3） | 38 | 49 | 65 | 76 | 13 | 27 | 49 | 97 |

（4） | 38 | 49 | 65 | 76 | 13 | 27 | 49 | 97 |

（5） | 38 | 49 | 65 | 13 | 76 | 27 | 49 | 97 |

（6） | 38 | 49 | 65 | 13 | 27 | 76 | 49 | 97 |

（7） | 38 | 49 | 65 | 13 | 27 | 49 | 76 | 97 |

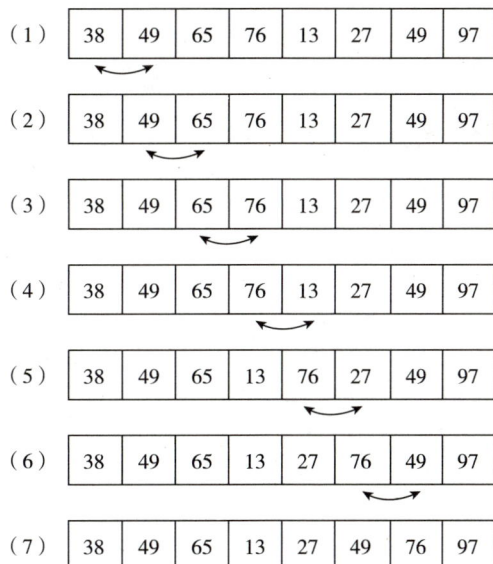

图 2 - 8　第二次起泡

起泡排序的具体实现代码为：

```c
#include < stdio. h >
#define N 8
//交换 a 和 b 的位置的函数
void swap( int * a, int * b);

int main( )
{
    int array[ N] = {49,38,65,97,76,13,27,49};
    int i,j;
    int key;
    /* 有多少记录,就需要多少次冒泡,当所有记录都按照升序排列时,排序结束。*/
    for( i = 0; i < N; i++) {
        key = 0;//每次开始冒泡前,初始化 key 值为 0
        //每次起泡从下标为 0 开始,到 8 - i 结束
        for( j = 0; j + 1 < N - i; j++) {
            if( array[ j] > array[ j + 1]) {
                key = 1;
                swap( &array[ j],&array[ j + 1]);
            }
        }
        //如果 key 值为 0,表明表中记录排序完成
        if( key == 0) {
```

```
            break;
        }
    }
    for( i = 0; i < N; i++ ){
        printf( "% d", array[ i ] );
    }
    return 0;
}

void swap( int * a, int * b ){
    int temp;
    temp = * a;
    * a = * b;
    * b = temp;
}
```

运行结果为:

13 27 38 49 49 65 76 97

使用起泡排序算法,其时间复杂度同实际表中数据的无序程度有关。若表中记录本身为正序存放,则整个排序过程只需进行 $n-1$(n 为表中记录的个数)次比较,且不需要移动记录;若表中记录为逆序存放(最坏的情况),则需要 $n-1$ 趟排序,进行 $n(n-1)/2$ 次比较和数据的移动。所以该算法的时间复杂度为 O(n^2)。

✐ 知识链接

快速排序

快速排序是(quick sort)是对冒泡排序的一种改进,是非常重要且应用比较广泛的一种高效率排序算法。

由于其时间复杂度优于大部分的排序算法,因而命名为快速排序。快速排序实现的核心思想就是在待排序序列中选择一个基准值,然后将小于基准值的数字放在基准值左边,大于基准值的数字放在基准值右边,然后左右两边递归排序,整个排序过程中最关键部分就是寻找基准值在待排序序列中的索引位置。

快速排序算法在分治法的思想下,原数列在每一轮被拆分成两部分,每一部分在下一轮又分别被拆分成两部分,直到不可再分为止,平均情况下需要 logn 轮,因此快速排序算法的平均时间复杂度是 O(nlogn)。

第四节 简单选择排序

简单选择排序是不断地选择剩余元素之中的最小（最大）值。简单选择排序相当于冒泡排序的优化，和冒泡排序的相同点是经过一次循环（查找）之后，把最小（最大）的元素放到数组的最前面（最后面）；不同的是，冒泡排序是通过相邻的比较和交换，而选择排序是通过对整体进行选择，在确定了最小（最大）的情况下才进行交换，大大减少了交换的次数。

该算法的实现思想为：对于具有 n 个记录的无序表遍历 $n-1$ 次，第 i 次从无序表中第 $i-1$ 个记录开始，找出后序关键字中最小的记录，然后放置在第 $i-1$ 的位置上。

例如对无序表 {56，12，80，91，20} 采用简单选择排序算法进行排序，具体过程如下。

（1）第 1 次遍历时，从下标为 0 的位置即 56 开始，找出关键字值最小的记录 12，同下标为 0 的关键字 56 交换位置，如图 2－9 所示。

| 12 | 56 | 80 | 91 | 20 |

图 2－9　第 1 次遍历

（2）第 2 次遍历时，从下标为 1 的位置即 56 开始，找出最小值 20，同下标为 1 的关键字 56 互换位置，如图 2－10 所示。

| 12 | 20 | 80 | 91 | 56 |

图 2－10　第 2 次遍历

（3）第 3 次遍历时，从下标为 2 的位置即 80 开始，找出最小值 56，同下标为 2 的关键字 80 互换位置，如图 2－11 所示。

| 12 | 20 | 56 | 91 | 80 |

图 2－11　第 3 次遍历

（4）第 4 次遍历时，从下标为 3 的位置即 91 开始，找出最小是 80，同下标为 3 的关键字 91 互换位置，如图 2－12 所示。

| 12 | 20 | 56 | 80 | 91 |

图 2－12　第 4 次遍历

（5）到此简单选择排序算法完成，无序表变为有序表。

简单选择排序的实现代码为：

```
#include < stdio. h >
#include < stdlib. h >
#define MAX 9
```

```
//单个记录的结构体
typedef struct{
    int key;
}SqNote;

//记录表的结构体
typedef struct{
    SqNote r[MAX];
    int length;
}SqList;

//交换两个记录的位置
void swap(SqNote * a,SqNote * b){
    int key = a -> key;
    a -> key = b -> key;
    b -> key = key;
}

//查找表中关键字的最小值
int SelectMinKey(SqList * L,int i){
    int min = i;
    //从下标为 i+1 开始,一直遍历至最后一个关键字,找到最小值所在的位置
    while(i + 1 < L -> length){
        if(L -> r[min]. key > L -> r[i + 1]. key){
            min = i + 1;
        }
        i++;
    }
    return min;
}

//简单选择排序算法实现函数
void SelectSort(SqList * L){
    for(int i = 0;i < L -> length;i++){
        //查找第 i 的位置所要放置的最小值的位置
        int j = SelectMinKey(L,i);
        //如果 j 和 i 不相等,说明最小值不在下标为 i 的位置,需要交换
        if(i!=j){
            swap(&(L -> r[i]),&(L -> r[j]));
        }
    }
}
```

```
int main( ) {
    SqList * L = ( SqList * ) malloc ( sizeof ( SqList ) ) ;
    L -> length = 8 ;
    L -> r [ 0 ] . key = 49 ;
    L -> r [ 1 ] . key = 38 ;
    L -> r [ 2 ] . key = 65 ;
    L -> r [ 3 ] . key = 97 ;
    L -> r [ 4 ] . key = 76 ;
    L -> r [ 5 ] . key = 13 ;
    L -> r [ 6 ] . key = 27 ;
    L -> r [ 7 ] . key = 49 ;
    SelectSort ( L ) ;
    for ( int i = 0 ; i < L -> length ; i++ ) {
        printf ( " % d " , L -> r [ i ] . key ) ;
    }
    return 0 ;
}
```

运行结果为：

13 27 38 49 49 65 76 97

第五节　排序算法的对比

1. 冒泡排序　冒泡排序的名字很形象，像水中的气泡一样，气泡大的会向上浮出水面，依次对两个数比较大小，大的数冒出来，小的数压下去。冒泡排序稳定，但效率慢，每次只能移动相邻的两个数据。

冒泡排序的时间复杂度为 $O(n^2)$，空间复杂度为 $O(1)$，在数据有序的时候时间复杂度可以达到 $O(n)$。适用的情景为数据量不大，对稳定性有要求，且数据基本有序的情况下。

2. 直接选择排序

（1）从待排序序列中，找到关键字最小的元素，如果最小元素不是待排序序列的第一个元素，将其和第一个元素互换。

（2）从余下的 $N-1$ 个元素中，找出关键字最小的元素。

重复（1）、（2）步，直到排序结束。

直接选择排序比冒泡更快一些，但代价是跳跃性交换，排序不稳定。

选择排序的时间复杂度为 $O(n^2)$，空间复杂度为 $O(1)$，由于每次选出待排序数据中的最小值（增序）或最大值（降序）插入到当前的有序队列中，相对于冒泡排序减少了交换的次数。当数据量不大，且对稳定性没有要求的时候，适用于选择排序。

3. 直接插入排序 过程跟拿牌一样，依次拿 N 张牌，每次拿到牌后，从后往前看，遇到合适位置就插进去，最终手上的牌从小到大排序。把 N 个待排的数据看作一个无序表和一个有序表，开始的时候有序表中只有一个元素，无序表中有 $N-1$ 个元素，之后依次从无序表中取出元素插入到有序表中的适当位置，使之形成新的有序表。

当数据规模较小或者数据基本有序时，效率较高。

插入排序的时间复杂度为 O (n^2)，空间复杂度为 O (1)，最好的情况下即当数据有序时可以达到 O (n) 的时间复杂度。适用于数据量不大，对算法的稳定性有要求，且数据局部或者整体有序的情况。

冒泡排序、直接选择排序、直接插入排序三种排序算法的对比如表 2 - 1 所示。

表 2 - 1　排序算法的对比

项目	时间复杂度	稳定情况	空间复杂度
冒泡排序	O (n^2)	稳定	O (1)
直接选择排序	O (n^2)	不稳定	O (1)
直接插入排序	O (n^2)	稳定	O (1)

实训三　学生信息排序

【实训内容】

编写一个学生信息排序程序。要求如下。

（1）可随时输入 n 个学生的信息和成绩（n 不设置上限）。

（2）学生信息包括学号、姓名、性别、专业、学院，三门课程成绩。

（3）为用户提供一个排序选择列表，使得用户能够按照上述所列信息（学号、姓名、性别、专业、学院、自定义的三门课程）中的至少一个字段进行排序，并显示其结果。

【算法分析】

因为 n 不设置上限，数据量过大就无法使用数组了，所以下面提供一种链表的思路。首先定义一个结构体用于存放单个学生的数据，结构体中定义一个结构体变量指针指向下一个学生，构成链表，每一次新加入一个学生就为其分配一块内存空间，并加入到链表串中。

【程序代码】

```c
#include < stdio. h >
#include < stdlib. h >
#include < string. h >

typedef struct student //定义一个链表数据类型
{
    char * number;//学号
    char * name;//姓名
    char * sex;//性别
    char * major;//专业
    char * college;//学院
    int score1;//高数成绩
    int score2;//英语成绩
```

```
    int score3;//c 语言成绩
    struct student * next;//链表的下一个元素
} student;

void sortmenu();//打印排序选择菜单
void menu();//打印选择菜单
void add(student * p);//增加一个学生
void print(student * p);//打印数据表
student * findend(student * head);//返回新链表的结尾元素
student * sort(int number,student * head,int( * com)(student * p));//排序函数
int compare_number(student * p);//比较相邻两个链表元素的学号
int compare_name(student * p);//比较相邻两个链表元素的姓名
int compare_sex(student * p);//比较相邻两个链表元素的性别
int compare_major(student * p);//比较相邻两个链表元素的专业
int compare_college(student * p);//比较相邻两个链表元素的学院
int compare_score1(student * p);//比较相邻两个链表元素的高数成绩
int compare_score2(student * p);//比较相邻两个链表元素的英语成绩
int compare_score3(student * p);//比较相邻两个链表元素的 c 语言成绩
void clearlist(student * head);//删除数据表
int main()
{
    int choose =0,sortchoose =0,number =0;/ * choose 选择的主菜单序号,sortchoose 选择的排序字段
序号,number 统计现有学生人数 */
    student * now, * pre = NULL;// * now 当前链表元素的指针 * pre 前一个链表元素的指针
    student * head = NULL;//链表头
    do
    {
        menu();//打印选择菜单
        scanf("% d",&choose);//读入选项
        switch(choose)
        {
        case 1://增加一个学生
            now = (student * )malloc(sizeof(student));//为当前链表元素分配地址
            if(head == NULL)head = now;//如果链表头为空,则当前链表元素为链表头
            else pre -> next = now;//把上个链表元素的 next 指向现在的链表元素的地址,即把当前
元素接入链表
            now -> next = NULL;//当前元素的下一个元素定为空
            add(now);//增加一个元素
            pre = now;//为下一个元素增加做准备
```

```
            number++ ;//链表元素增加,学生人数增加
            break ;
    case 2 ://排序
            sortmenu( ) ;//打印排序选择菜单
            scanf( " % d" ,&sortchoose) ;//读入选项
            switch( sortchoose)
            {
            case 1 :
                    head = sort( number, head, compare_number) ;//按学号排序并读入新链表的链表头
                    pre = findend( head) ;//读入新链表的链表尾
                    printf( " \n 按学号排序: \n" ) ;
                    print( head) ;//打印信息表
                    break ;
            case 2 :
                    head = sort( number, head, compare_name) ;
                    pre = findend( head) ;
                    printf( " \n 按姓名排序: \n" ) ;
                    print( head) ;
                    break ;
            case 3 :
                    head = sort( number, head, compare_sex) ;
                    pre = findend( head) ;
                    printf( " \n 按性别排序: \n" ) ;
                    print( head) ;
                    break ;
            case 4 :
                    head = sort( number, head, compare_major) ;
                    pre = findend( head) ;
                    printf( " \n 按专业排序: \n" ) ;
                    print( head) ;
                    break ;
            case 5 :
                    head = sort( number, head, compare_college) ;
                    pre = findend( head) ;
                    printf( " \n 按学院排序: \n" ) ;
                    print( head) ;
                    break ;
            case 6 :
                    head = sort( number, head, compare_score1) ;
```

```
                    pre = findend(head);
                    printf("\n 按高数成绩排序:\n");
                    print(head);
                    break;
                case 7:
                    head = sort(number,head,compare_score2);
                    pre = findend(head);
                    printf("\n 按英语成绩排序:\n");
                    print(head);
                    break;
                case 8:
                    head = sort(number,head,compare_score3);
                    pre = findend(head);
                    printf("\n 按 c 语言成绩排序:\n");
                    print(head);
                    break;
                default:printf("请重新选择\n\n");
                }
                break;
        case 3:
                print(head);//打印信息表
                break;
        case 0:break;
        default:printf("请重新选择\n\n");break;
        }
    }while(choose);//当 chose 为真不为零(退出为零)
    printf("\n 正在删除数据表...\n");
    clearlist(head);//删除数据表
    printf("删除成功\n");
    printf("已退出程序\n");
    return 0;
}

void menu()//打印选择菜单
{
    printf("请选择序号:\n");
    printf("1:增加一个学生\n");
    printf("2:排序\n");
    printf("3:打印数据表\n");
```

```
        printf("0:退出\n");
        printf("在此输入:");
}

void sortmenu()//打印排序选择菜单
{
        printf("请选择排序方式:\n");
        printf("1:学号");
        printf("2:姓名");
        printf("3:性别");
        printf("4:专业");
        printf("5:学院\n");
        printf("6:高数成绩");
        printf("7:英语成绩");
        printf("8:c 语言成绩\n");
        printf("在此输入:");
}

void add(student * p)//增加一个学生
{
        p -> number = (char * )malloc(100);//为新学生的学号分配内存
        p -> sex = (char * )malloc(10);
        p -> name = (char * )malloc(100);
        p -> major = (char * )malloc(100);
        p -> college = (char * )malloc(100);
        printf("请输入学号:\n");
        scanf("%s",p -> number);//读入学号
        printf("请输入姓名:\n");
        scanf("%s",p -> name);
        printf("请输入性别(nan 或 nv):\n");
        scanf("%s",p -> sex);
        printf("请输入专业:\n");
        scanf("%s",p -> major);
        printf("请输入学院:\n");
        scanf("%s",p -> college);
        printf("请输入高数成绩:\n");
        scanf("%d",&p -> score1);
        printf("请输入英语成绩:\n");
        scanf("%d",&p -> score2);
        printf("请输入 c 语言成绩:\n");
```

```
        scanf("%d",&p->score3);
    }

student * findend(student * head)//返回新链表的结尾元素
    {

        student * p = head;
        while(p! = NULL && p->next! = NULL)//寻找新链表的结尾元素
        {

            p = p->next;

        }

        return p;//返回新链表的结尾元素

    }

void print(student * head)//打印数据表
    {

        student * p = head;
        int count = 1;//排名序号
        printf("序号\t学号\t姓名\t性别\t专业\t学院\t高数\t英语\tc语言\n");
        while(p! = NULL)
        {

            printf("%d\t%s\t%s\t%s\t%s\t%s\t%d\t%d\t%d\n",count,p->number,p->name,
p->sex,p->major,p->college,p->score1,p->score2,p->score3);
            p = p->next;//下一个学生
            count++ ;//序号加1

        }
        printf("\n");

    }

student * sort(int number,student * head,int( * compare)(student * p))//按某关键字排序
//number 学生人数 * head 链表头 int( * compare)(student * p)排序的关键字,函数指针,指向比较两
个相邻学生的函数
    {

        student * p, * q, * temp;
// * p 是前面的指针(探路比较大小用), * q 指向 * p 的直接前驱, * temp 中间商指针,交换元
素用
        int i,j;//冒泡排序的两次循环参数
        for(i =0;i < number -1;i++ )//冒泡排序至少需要 number -1 趟
        {

            p = head;//p,q 归位,指向链表头
q = head;
```

```
            for(j = 0;j < number - 1 - i;j++ )//冒泡排序一趟的比较次数:number - 1 - i
            {
                if(compare(p) < 0)//调用 compare 指向的比较函数
                {
                    if(p == head)//如果现在的元素是链表头
                    {
                        head = p -> next;//新链表头变为现在的元素的下一个元素
                        q -> next = p -> next;
                        temp = p -> next -> next;//中间变量暂存
                        p -> next -> next = p;
                        p -> next = temp;
                        p = head;
                        q = head;
                    }
                    else
                    {
                        q -> next = p -> next;
                        temp = p -> next -> next;
                        p -> next -> next = p;
                        p -> next = temp;
                        p = q -> next;
                    }
                }
                q = p;
                p = p -> next;//p 指向下一个元素
            }
        }
    return head;
}

int compare_number(student * p)//比较相邻两个链表元素的学号,为了字母升序排列所以 strcmp 前面
加符号
{
    return - strcmp(p -> number,p -> next -> number);
}

int compare_name(student * p)//比较相邻两个链表元素的姓名
{
    return - strcmp(p -> name,p -> next -> name);
}
```

```
int compare_sex(student * p)//比较相邻两个链表元素的性别
{
    return - strcmp( p -> sex,p -> next -> sex);
}

int compare_major(student * p)//比较相邻两个链表元素的专业
{
    return - strcmp( p -> major,p -> next -> major);
}

int compare_college(student * p)//比较相邻两个链表元素的学院
{
    return - strcmp( p -> college,p -> next -> college);
}

int compare_score1(student * p)//比较相邻两个链表元素的高数成绩
{
    return( p -> score1) - ( p -> next -> score1);
}

int compare_score2(student * p)//比较相邻两个链表元素的英语成绩
{
    return( p -> score2) - ( p -> next -> score2);
}

int compare_score3(student * p)//比较相邻两个链表元素的 c 语言成绩
{
    return( p -> score3) - ( p -> next -> score3);
}

void clearlist(student * head)//删除数据表
{
    student * p, * q;// * p 当前要删除的链表元素   * q 暂存 p 的下一个元素
    p = head;//从链表头开始删除
    while( p! = NULL)
    {
        q = p -> next;//暂存 p 的下一个元素
        free( p);//释放内存
        p = q;//p 指向下一个元素
    }
}
```

【测试效果】

学生信息排序运行主界面如图 2 – 13 所示。"增加一个学生"运行界面如图 2 – 14 所示。

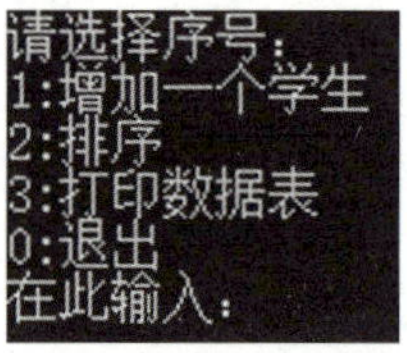

图 2 – 13　运行主界面

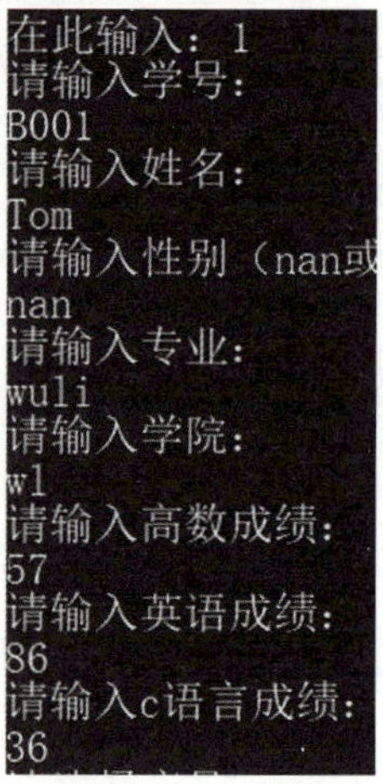

图 2 – 14　增加一个学生运行界面

学生信息排序方式包括：学号、姓名、性别、专业、学院、高数、英语、C 语言成绩等。按姓名排序如图 2 – 15 所示；按 C 语言成绩排序如图 2 – 16 所示。

按姓名排序：

序号	学号	姓名	性别	专业	学院	高数	英语	c语言
1	E003	Amy	nv	jike	jk	76	98	56
2	E001	Daming	nan	jike	jk	89	92	79
3	A002	Dulei	nan	shuxue	sx	100	89	93
4	E002	Sam	nan	xinan	jk	86	97	69
5	B001	Tom	nan	wuli	wl	57	86	36

图 2 – 15　姓名排序运行界面

按c语言成绩排序：

序号	学号	姓名	性别	专业	学院	高数	英语	c语言
1	A002	Dulei	nan	shuxue	sx	100	89	93
2	E001	Daming	nan	jike	jk	89	92	79
3	E002	Sam	nan	xinan	jk	86	97	69
4	E003	Amy	nv	jike	jk	76	98	56
5	B001	Tom	nan	wuli	wl	57	86	36

图 2 – 16　C 语言成绩排序运行界面

目标检测

答案解析

一、选择题

1. 内排序方法的稳定性是指（　　）。

　A. 该排序算法不允许有相同的关键字记录

　B. 该排序算法允许有相同的关键字记录

C. 平均时间为 $O(n\log n)$ 的排序方法

D. 以上都不对

2. 在对 n 个元素进行直接插入排序的过程中，共需要进行（ ）趟。

A. n B. $n+1$ C. $n-1$ D. $2n$

3. 设一组初始记录关键字序列（5，2，6，3，8），利用冒泡排序进行升序排序，且排序中从后往前进行比较，则第一趟冒泡排序的结果为（ ）。

A. 2，5，3，6，8   B. 2，5，6，3，8

C. 2，3，5，6，8   D. 2，3，6，5，8

4. 在对 n 个元素进行直接插入排序的过程中，算法的空间复杂度为（ ）。

A. $O(1)$ B. $O(\log 2n)$ C. $O(n^2)$ D. $O(n\log 2n)$

5. 对 n 个记录进行冒泡排序时，最少的比较次数为（ ），最少的趟数为（ ）。

A. 0   B. 1   C. $n-1$ D. $2n$

二、简答题

1. 已知一组记录为（46，74，53，14，26，38，86，65，27，34），给出采用直接插入排序法进行排序时每一趟的排序结果。

2. 已知一组记录为（46，74，53，14，26，38，86，65，27，34），给出采用冒泡排序法进行排序时每一趟的排序结果。

书网融合……

本章小结

第三章 查 找

岗位情景模拟

情景描述 某项目组接到某学校的"学生信息管理系统"的开发任务，该系统要求包含查找模块：向用户提供一个查找关键字列表，系统能够按照关键字列表（学号、姓名、性别、学院、专业、班级、课程）所选中的某一个关键字进行查找，并显示查找的结果。项目负责人将查找模块指派给某一位程序员开发，假设您是该程序员，负责进行查找模块的设计开发。

讨论 1. 目前，有哪些常用的查找算法？如何选择合适的查找算法？

2. 如果在程序调试过程中发现查找效率较低，应该如何改进？

第一节 查找表

日常工作和生活中，无逻辑关系的数据是最常见的。例如，电话簿中的电话号之间不存在任何逻辑关系，字典中的汉字之间也不存在逻辑关系，数据库表中存储的记录之间也不存在逻辑关系。如图 3–1 中的元素 1、2、3、4 之间就不存在任何逻辑关系，增加一个新元素或者删除一个元素，其他元素不会受到影响。

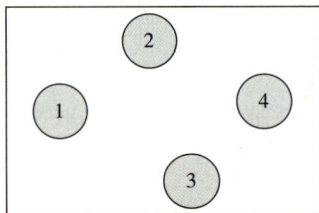

图 3–1 无逻辑关系的数据

数据结构中，将存储无逻辑关系数据的结构称为查找表。

一、查找表的定义

查找表是一种存储结构，专门用来存储无逻辑关系的数据。也可以理解为，查找表就是一个包含众多元素的集合，表中的各个元素独立存在，之间没有任何关系。

对于无逻辑关系的数据，做得最多的操作就是从中查找某个特定的元素。和有逻辑关系的数据相比，在无逻辑关系的数据中查找特定元素的难度更大。例如，同样是查找一个电话号码，在杂乱无章的电话簿中查找既费时又费力，在有序的电话簿中很快就能找到。

原本没有逻辑关系的数据，为了提高查找效率，会人为地给数据赋予一种逻辑关系，继而选用线性表、树或者图结构来存储数据。比如说，为电话簿中的电话号赋予"一对一"的关系，就可以用线性表（顺序表或者单链表）存储电话号。

从名称上看，查找表是一种新的存储结构，但实际上它指的就是用线性表、树或者图结构来存储数据，只不过数据间的逻辑关系是人为赋予的。

二、查找表的分类

在查找表中查找特定的元素，常见的操作有以下几种：①查找特定元素是否在查找表中；②获取（读取）查找表中某个元素的值；③查找失败时，将目标元素插入到查找表中；④查找成功时，将目标元素从查找表中删除。

如果只对查找表做前两种操作，不改变查找表的存储结构，称为静态查找表；如果对查找表做插入或者删除操作，使查找表的结构发生了改变，则称为动态查找表。

动态查找表可以在查找过程中动态建立，而静态查找表只能先建立然后再执行查找操作。

三、查找算法的性能分析

用不同的存储结构表示查找表，查找特定元素使用的算法会有所区别。哪怕在同一个查找表中，也可以选用不同的查找算法。

一个算法的好坏，可以从时间复杂度和空间复杂度两个维度衡量。对于查找算法来说，查找过程中只需要极少量的辅助存储空间，所以各个查找算法的空间复杂度区别不大。多数情况下，我们通过时间复杂度衡量查找算法的好坏。

除了时间复杂度之外，还有一种衡量查找算法好坏的方法。

几乎所有的查找算法执行过程中只做一件事，就是将表中元素逐一和目标元素做比较，因此比较次数的平均值（又称平均查找长度，简称 ASL）可以作为衡量查找算法好坏的依据。

一个查找算法的平均查找长度，可以借助下面的数学公式计算出来：

$$ASL = \sum_{i=1}^{n} P_i C_i$$

其中，n 表示查找表中的元素数量。P_i 表示找到第 i 个元素的概率，默认情况下表中各个元素被查找到的概率是相同的，为 $1/n$。在某些特殊场景下，可能会指定表中各个元素被查找到的概率。C_i 表示和第 i 个元素比较后，算法比较过的总次数。比如第 1 个元素首次和目标元素做比较，那么 $C_i = 1$。ASL 值越大，表明查找算法的性能越差，执行效率越低。

第二节　顺序查找算法

静态查找表只能对表内的元素做查找和读取操作，不允许插入或删除元素。使用线性存储结构表示静态查找表时，可以借助顺序查找算法在表中查找特定的元素。顺序查找算法（sequential search）又称顺序搜索算法或者线性搜索算法，是所有查找算法中最基础、最简单的。顺序查找算法适用于绝大多数场景，查找表中存放有序序列或者无序序列，都可以使用此算法。

一、算法的实现思路

顺序查找算法很容易理解，就是从查找表的一端开始，将表中的元素逐一和目标元素做比较，直至找到目标元素。如果表中的所有元素都和目标元素对比了一遍，最终没有找到目标元素，表明查找表中没有目标元素，查找失败。

举个简单的例子，在 {10，14，19，26，27，31，33，35，42，44} 集合中，借助顺序查找算法查找 33 的过程如下。

（1）假设从元素 10 开始向右逐个查找。显然，元素 10 不是要找的目标元素，如图 3 - 2 所示。

图 3 - 2　查看 10 是否为目标元素

（2）继续查看表中的下一个元素 14，也不是要找的目标元素，如图 3 - 3 所示。

图 3 - 3　查看 14 是否为目标元素

（3）采用同样的方法，逐个查看表中的各个元素是否为目标元素，整个查找过程如图 3 - 4 所示。

图 3 - 4　顺序查找目标元素的过程

成功找到目标元素后，顺序查找随即结束。当表中不包含目标元素时，顺序查找算法会比对至最后一个元素，然后停止执行。

顺序查找算法的常规实现思路是：将表中元素逐一和目标元素进行比对，每次比对失败，判断一下整张表是否查找完毕，如果表中还有未比对的元素，就继续比对，反之算法执行结束。

以常规的思路实现顺序查找算法，每次查找都要进行两次判断，既要判断当前元素是否为目标元素，还要判断整张表是否查找完毕。这里给大家提供一种更高效的解决方案：在查找表中的一端添加目标元素，顺序查找算法从查找表的另一端执行。

仍以 {10，14，19，26，27，31，33，35，42，44} 集合为例，在表中查找元素 5。首先将元素 5 放置到表的尾部，顺序查找算法从表的头部开始查找元素 5，如图 3 - 5 所示。

查找顺序

| 10 | 14 | 19 | 26 | 27 | 31 | 33 | 35 | 42 | 44 | 5 |

图 3 - 5　顺序查找目标元素失败

这样做的好处是，查找过程中不必判断整张表是否查找完毕，因为无论查找能否成功，顺序查找算法都能正常执行结束。数据结构中，将在查找表一端添加的目标元素称为监视哨。

图 3 - 5 中，虽然顺序查找算法最终找到了目标元素，但此元素是我们额外添加到表中的，所以查找失败。

实践证明，当查找表中的元素个数多于 1000 个时，使用图 3 - 5 这种解决方案可以大大缩减查找过程所需的时间。

二、算法的具体实现

线性存储结构具体可以分为两类，分别是顺序表和单链表。这里以顺序表为例，实现顺序查找算法的 C 语言程序代码如下：

```
#include < stdio. h >
#include < stdlib. h >
#define keyType int

typedef struct{
    keyType key;//查找表中每个数据元素的值
    //如果需要,还可以添加其他属性
}ElemType;

//顺序表表示查找表
typedef struct{
    ElemType * elem;//存放查找表中数据元素的数组
    int length;//记录查找表中数据的总数量
}SSTable;

//创建查找表
void Create(SSTable * st,int length){
    int i;
    st -> elem = (ElemType *)malloc((length +1) * sizeof(ElemType));// +1 是为了给监视哨留出
位置
    st -> length = length;
```

```
        printf("输入表中的数据元素:\n");
        //根据查找表中数据元素的总长度,在存储时,从数组下标为0的空间开始存储数据
        for(i = 0;i < length;i++){
            scanf("%d",&(st -> elem[i].key));
        }
    }

//查找表查找的功能函数,其中 key 为关键字
int Search_seq(SSTable st,keyType key){
    int i;
    st.elem[st.length].key = key;//将目标元素存放在顺序表最后的位置,起监视哨的作用
    //从查找表第一个元素开始,直至找到目标元素
    for(i = 0;st.elem[i].key! = key;i++);
    //如果 i = st.length,说明查找失败;反之,返回的是含有关键字 key 的数据元素在查找表中的位置
    return i;
}

int main(){
    int key,location,len;
    SSTable st;
    printf("输入查找表中的元素个数:");
    scanf("%d",&len);
    Create(&st,len);
    printf("请输入查找数据的关键字:");
    scanf("%d",&key);
    location = Search_seq(st,key);
    if(location == st.length){
        printf("查找失败");
    }
    else{
        printf("目标元素在查找表中的位置为:%d",location +1);
    }
    free(st.elem);
    return 0;
}
```

以在 {10, 14, 19, 26, 27, 31, 33, 35, 42, 44} 查找元素 33 为例,程序的执行结果为:

输入查找表中的元素个数:10
输入表中的数据元素:

10 14 19 26 27 31 33 35 42 44
请输入查找数据的关键字:33
目标元素在查找表中的位置为:7

用链式结构（单链表）表示静态查找表，顺序查找算法的实现过程和上面程序类似，这里不再给出具体的实现程序。

三、算法的性能分析

衡量顺序查找算法的性能，可以计算它的时间复杂度，也可以计算它的平均查找长度（ASL）。

顺序查找算法的时间复杂度可以用 O（n）表示（n 为查找表中的元素数量）。查找表中的元素越多，顺序查找算法的执行效率越低。

计算顺序查找算法的平均查找长度，可以借助第一节中给出的公式：

$$ASL = \sum_{i=1}^{n} P_i C_i$$

默认情况下，表中各个元素被查找到的概率是相同的，都是 $1/n$（n 为查找表中元素的数量），所以各个元素对应的 P_i 就是 $1/n$。

在给定的查找表中，顺序查找算法从表的一端开始查找，第一个元素对应的 $C_1 = 1$，第二个元素对应的 $C_2 = 2$，依次类推，所以表中第 i 个元素对应的 C_i 就是 i。

将 $P_i = 1/n$ 和 $C_i = i$ 带入公式，求得的 ASL 为：

$$ASL = \sum_{i=1}^{n} P_i C_i = \frac{1}{n}(1 + 2 + 3 + \ldots + n) = \frac{n+1}{2}$$

顺序查找算法对应的 ASL 值为（$n+1$）/2，几乎为查找表长度的一半。这也就意味着，查找表中包含的元素越多，顺序查找算法的 ASL 值越大，查找性能越差，执行效率越低。

顺序查找算法的优点是实现简单、适用于绝大多数场景。和其他查找算法相比，顺序查找算法的时间复杂度较大，同样平均查找长度也较大，查找表中的元素数量越多，算法的性能越差。

第三节 二分查找算法

二分查找又称折半查找、二分搜索、折半搜索等，是一种在静态查找表中查找特定元素的算法。

使用二分查找算法，必须保证查找表中存放的是有序序列（升序或者降序）。换句话说，存储无序序列的静态查找表，除非先对数据进行排序，否则不能使用二分查找算法。

一、算法的实现思路

二分查找算法非常简单，下面通过一个实例给大家讲解该算法的实现思路。

例如，在升序的查找表 {10，14，19，26，27，31，33，35，42，44} 中查找元素 33。初始状态下，搜索区域为整个查找表，用 low 记录搜索区域内第一个元素的位置，用 high 记录搜索区域内最后一个元素的位置，如图 3－6 所示。

图 3 - 6　搜索区域是整个查找表

二分查找算法的查找过程如下。

（1）借助⌊（low + high）/2⌋公式，找到搜索区域内的中间元素。图 3 - 7 中，搜索区域内中间元素的位置是⌊（1 + 10）/2⌋ = 5，因此中间元素是 27，此元素显然不是要找的目标元素，如图 3 - 7 所示。

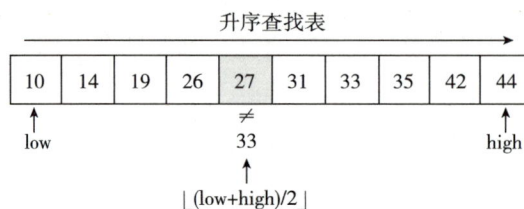

图 3 - 7　中间元素 27 不是目标元素

整个查找表为升序序列，根据 27 < 33，可以判定 33 位于 27 右侧的区域，更新搜索区域为元素 27 右侧的区域，如图 3 - 8 所示。

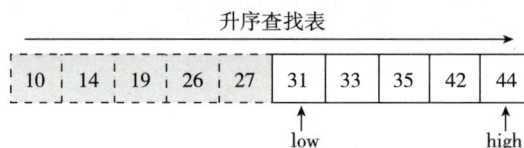

图 3 - 8　更新搜索区域为 {31，33，35，42，44}

（2）图 3 - 9 中，搜索区域内中间元素的位置是⌊（6 + 10）/2⌋ = 8，因此中间元素是 35，此元素不是要找的目标元素，如图 3 - 9 所示。

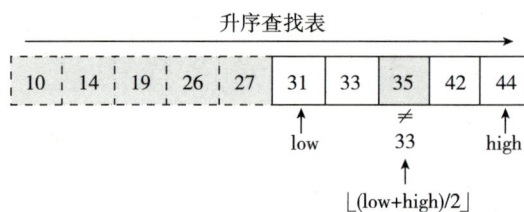

图 3 - 9　中间元素 35 不是目标元素

根据 35 > 33，可以判定 33 位于 35 左侧的区域，更新搜索区域，如图 3 - 10 所示。

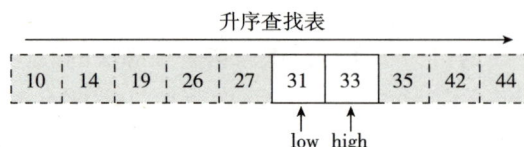

图 3 - 10　更新搜索区域 {31，33}

（3）图 3 - 11 中，搜索区域内中间元素的位置是⌊（6 + 7）/2⌋ = 6，因此中间元素是 31，此元素不是要找的目标元素。

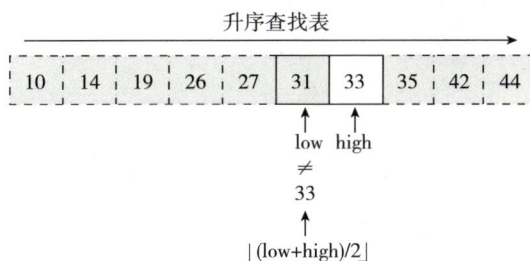

图 3 – 11　中间元素 31 不是目标元素

根据 31 < 33，可以判定 33 位于 31 右侧的区域，更新搜索区域，如图 3 – 12 所示。

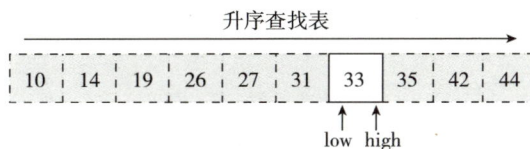

图 3 – 12　更新搜索区域 {33}

（4）图 3 – 13 中，搜索区域内中间元素的位置是 $\lfloor(7+7)/2\rfloor$ = 7，因此中间元素是 33，此元素就是要找的目标元素，如图 3 – 13 所示。

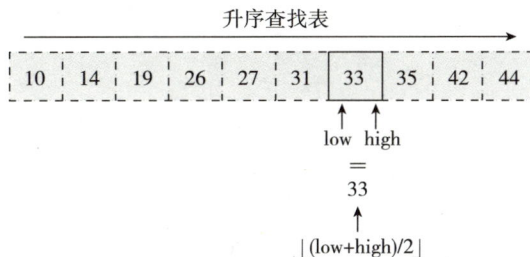

图 3 – 13　成功找到目标元素

找到了目标元素 33，二分查找算法执行结束。

所谓二分查找算法，其实就是不断地将有序查找表"一分为二"，逐渐缩小搜索区域，进而找到目标元素。当查找表中没有目标元素时（如图 3 – 6 中的元素 33 为 32），最终会出现 low > high 的情况，此时就表明查找表中没有目标元素，查找失败。

二、算法的具体实现

线性存储结构具体可以分为两类，分别是顺序表和单链表。采用顺序表表示静态查找表，二分查找算法更容易实现。

以顺序表为例，实现二分查找算法的 C 语言程序如下：

```
#include < stdio. h >
#include < stdlib. h >
#define keyType int
```

```
typedef struct{
    keyType key;//查找表中每个数据元素的值
    //如果需要,还可以添加其他属性
}ElemType;

typedef struct{
    ElemType * elem;//存放查找表中数据元素的数组
    int length;//记录查找表中数据的总数量
}SSTable;

//创建查找表
void Create(SSTable * st,int length){
    int i;
    st -> length = length;
    st -> elem = (ElemType * )malloc((length) * sizeof(ElemType));
    printf("输入表中的元素:\n");
    //根据查找表中数据元素的总长度,在存储时,从数组下标为 0 的空间开始存储数据
    for(i = 0;i < length;i++){
        scanf("%d",&(st -> elem[i]. key));
    }
}

//折半查找算法
int Search_Bin(SSTable ST,keyType key){
    int low = 0;//初始状态 low 指针指向第一个关键字
    int high = ST. length - 1;//high 指向最后一个关键字
    int mid;
    while(low < = high){
        mid = (low + high)/2;//两个整形相"/"为整形,所以 mid 每次为取整的整数
        if(ST. elem[mid]. key == key)//如果 mid 指向的和要查找的相等,返回 mid 所指向的位置
        {
            return mid;
        }
        else if(ST. elem[mid]. key > key)//如果 mid 指向的关键字较大,则更新 high 指针的位置
        {
            high = mid - 1;
        }
        //反之,则更新 low 指针的位置
        else{
```

```
            low = mid + 1 ;
        }
    }
    //未在查找表中找到目标元素,查找失败
    return - 1 ;
}

int main( ) {
    int len , key ;
    int location ;
    SSTable st = {0} ;
    printf( "请输入查找表的长度:" ) ;
    scanf( "% d" ,&len ) ;
    Create( &st ,len ) ;
    printf( "请输入查找数据的关键字:" ) ;
    scanf( "% d" ,&key ) ;
    location = Search_Bin( st ,key ) ;
    //如果返回值为 - 1,证明查找表中未查到 key 值,
    if( location == - 1 ) {
        printf( "查找表中无目标元素" ) ;
    }
    else {
        printf( "目标元素在查找表中的位置为:% d" ,location + 1 ) ;
    }
    free( st. elem ) ;
    return 0 ;
}
```

程序的执行结果为:

请输入查找表的长度:10
输入表中的元素:
10 14 19 26 27 31 33 35 42 44
请输入查找数据的关键字:33
目标元素在查找表中的位置为:7

三、算法的性能分析

衡量二分查找算法的性能,可以计算它的时间复杂度,也可以计算它的平均查找长度(ASL)。

二分查找算法的时间复杂度可以用 $O(\log_2 n)$ 表示(n 为查找表中的元素数量,底数 2 可以省略)。和顺序查找算法的 $O(n)$ 相比,显然二分查找算法的效率更高,且查找表中的元素越多,二分查找算

法效率高的优势就越明显。

计算二分查找算法的平均查找长度，公式如下：

$$ASL = \sum_{i=1}^{n} P_i C_i = \frac{n+1}{n} \log_2(n+1) - 1$$

当查找表中的元素足够多时（n 足够大），二分查找算法对应的 ASL 值近似等于 $\log_2(n+1) - 1$。

和顺序查找算法对应的 ASL 值 $(n+1)/2$ 相比，二分查找算法的 ASL 值更小，可见后者的执行效率更高。

二分查找算法的时间复杂度为 O（$\log_2 n$），平均查找长度 ASL = $\log_2(n+1) - 1$。和顺序查找算法相比，二分查找算法的执行效率更高。

二分查找算法只适用于有序的静态查找表，且通常选择用顺序表表示查找表结构。

🔗 知识链接

插值查找

插值查找是有序表的一种查找方式。插值查找是二分查找的改进，同时又对二分查找做了进一步的限制，就是待查找的元素要均匀分布，根据待查找元素可能出现位置的概率（期望）进行下一步的范围选择，这时插值查找的效率才会优于二分查找。

均匀分布是指序列中各个相邻元素的差值近似相等。例如 {10，20，30，40，50} 就是一个均匀分布的升序序列，各个相邻元素的差值为 10。再比如 {100，500，2000，5000} 是一个升序序列，但各相邻元素之间的差值相差巨大，不具备均匀分布的特征。

插值查找算法的思路和二分查找算法几乎相同，唯一的区别在于，每次与目标元素做比较的元素并非搜索区域内的中间元素，此元素的位置需要通过如下公式计算得出：

$$mid = low + (high - low) * (key - arr[low])/(arr[high] - arr[low])$$

low 表示左边索引 left；high 表示右边索引 right；key 就是需要查找的值。

实训四　查找学生

【问题描述】

设计一个查找学生程序，输出 10 个学生的姓名和学号，按学号由小到大排序，姓名顺序也随之调整，要求输入一个学号，用折半查找法找出对应学号学生的姓名。从主函数输入要查找的学号，输出该学生姓名。

【需求分析】

要编写一个查找学生程序，输入学号和姓名并按学号由小到大排序，则需建立一个子函数 Input（），其功能是输入学生的数据。输入完成后，需要对学生信息进行排序，此时需用到 Sort（）函数。排序后就是查找，题目要求输入一个学号，用折半查找找出对应学号学生的姓名。所以查找需建立子函数 FindNameById（），用来查找学生的信息。

【设计思路】

（1）首先建立主函数 main，在 main 中有四个子函数，输入、输出、排序、查找。输入要查找的学号 id，显示查找结果，当输入的 id 为 -1 时不再继续查找，结束循环。

（2）输入函数 Input。用一个一维数组存储学生学号，为整型。学生姓名用一个二维数组存储，为字符串。定义一个变量 i，用 i 的循环递增输入学生学号和姓名。

（3）输出函数 Show。输出所有学生信息。

（4）排序函数 Sort。采用冒泡排序算法实现。

（5）查找函数 FindNameById。功能为对指定的学号查找出学生的姓名。折半查找算法思想是考察表中中间记录，其关键字与给定的信息相符，则查找成功。若大于给定值，则在前半部分再实施折半查找；若小于给定值，则下一步在后半部分查找。一直到查找成功，或确定关键字与所给信息不存在。

【输入样例】

请录入第 1 个学生的信息（学号：姓名）：9527：张三

请录入第 2 个学生的信息（学号：姓名）：9137：李四

请录入第 3 个学生的信息（学号：姓名）：9000：王五

请录入第 4 个学生的信息（学号：姓名）：9001：李军

请录入第 5 个学生的信息（学号：姓名）：9361：张杰

请录入第 6 个学生的信息（学号：姓名）：9711：邹钢

请录入第 7 个学生的信息（学号：姓名）：9635：邵辉

请录入第 8 个学生的信息（学号：姓名）：9038：赵一

请录入第 9 个学生的信息（学号：姓名）：9225：李明

请录入第 10 个学生的信息（学号：姓名）：9111：陈强

【程序代码】

```c
#include < stdio. h >
#include < string. h >

void Show( int ids[ ] ,char names[ ] [ 32 ] ,int len)
{
    for( int i = 0 ;i < len ;++ i)
    {
        printf( "% d:% s\n" ,ids[ i] ,names[ i] ) ;
    }
    puts( " ********************* " ) ;
}

void Input( int ids[ ] ,char names[ ] [ 32 ] ,int len)
{
    for( int i = 0 ;i < len ;++ i)
    {
        printf( "请录入第% d 个学生的信息(学号:姓名):" ,i + 1) ;
        scanf( "% d:% s" ,&ids[ i] ,names[ i] ) ;
    }
}

void Sort( int ids[ ] ,int len ,char names[ ] [ 32 ] )
{
    int t;
```

```
        char tn[32];
        for(int i = 0;i < len - 1;++i)
        {
            for(int j = 0;j < len - 1 - i;++j)
            {
                if(ids[j] > ids[j + 1])
                {
                    t = ids[j];
                    ids[j] = ids[j + 1];
                    ids[j + 1] = t;
                    strcpy(tn,names[j]);
                    strcpy(names[j],names[j + 1]);
                    strcpy(names[j + 1],tn);
                }
            }
        }
    }

    void FindNameById(int ids[],char names[][32],int len,int id,char name[])
    {
        int begin = 0;
        int end = len - 1;
        int mid = (begin + end)/2;
        while(begin <  = end)
        {
            if(ids[mid] > id)    end = mid - 1;
            else if(ids[mid] < id)begin = mid + 1;
            else break;
            mid = (begin + end)/2;
        }
        if(begin <  = end)
        {
            strcpy(name,names[mid]);
        }
        else
        {
            strcpy(name,"没找到!");
        }
    }

    int main()
    {
```

```
int ids[10];
charnames[10][32];
intlen = 10;
Input(ids,names,len);
Show(ids,names,len);
Sort(ids,len,names);
Show(ids,names,len);
int id;
char name[32];
while(1)
{
    printf("请输入要查找的学生学号:");
    rewind(stdin);   //清除键盘缓冲区
    scanf("%d",&id);
    if(id == -1)
        break;
    FindNameById(ids,names,len,id,name);
    printf("该学生姓名为:%s\n",name);
}
return 0;
}
```

【测试效果】

程序运行测试效果如图 3 - 14 所示。

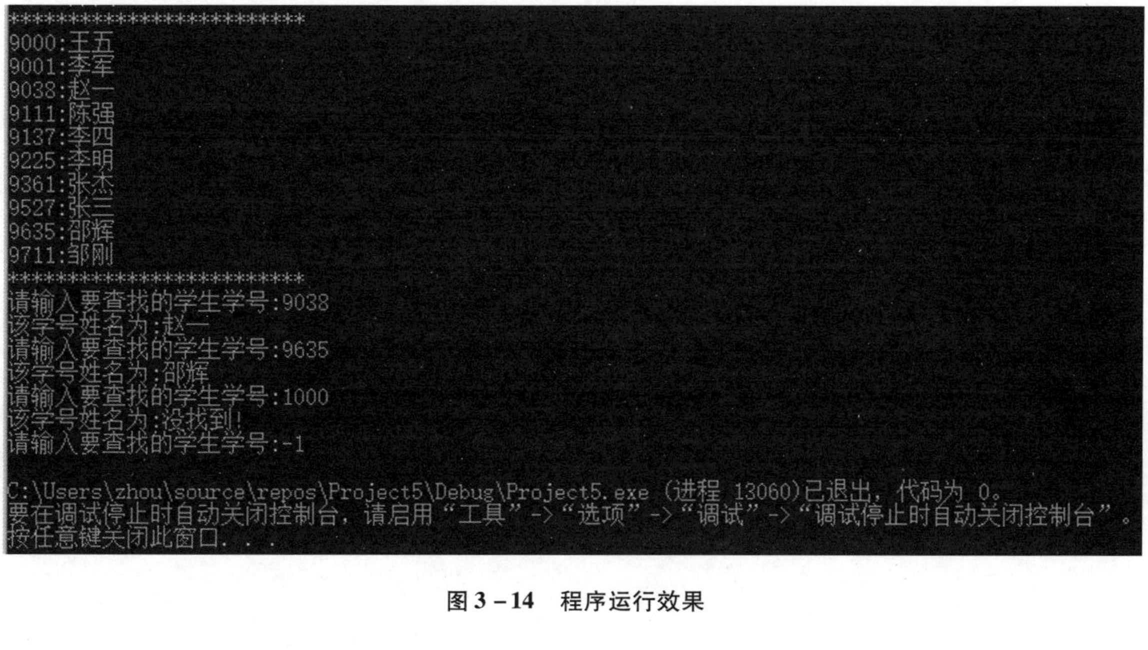

图 3 - 14 程序运行效果

目标检测

答案解析

一、选择题

1. 若查找每个记录的概率均等，则在具有 n 个记录的连续顺序文件中采用顺序查找法查找一个记录，其平均查找长度为（ ）。

    A. $(n-1)/2$　　　　B. $n/2$　　　　C. $(n+1)/2$　　　　D. n

2. 下面关于二分查找的叙述正确的是（ ）。

    A. 表必须有序，表可以顺序方式存储，也可以链表方式存储

    B. 表必须有序且表中数据必须是整型，实型或字符型

    C. 表必须有序，而且只能从小到大排列

    D. 表必须有序，且表只能以顺序方式存储

3. 用二分（对半）查找表的元素的速度比用顺序法（ ）。

    A. 必然快　　　　B. 必然慢　　　　C. 相等　　　　D. 不能确定

4. 顺序查找 n 个元素的顺序表，若查找成功，则比较关键字的次数最多为（ ）次。

    A. 0　　　　B. n　　　　C. $n+1$　　　　D. $2n$

5. 顺序查找 n 个元素的顺序表，当使用监视哨时，若查找失败，则比较关键字的次数为（ ）。

    A. 0　　　　B. n　　　　C. $n+1$　　　　D. $2n$

二、简答题

1. 什么是平均查找长度（ASL）？顺序查找算法和二分查找算法的平均查找长度（ASL）如何计算？
2. 简单描述二分查找算法的主要思想。

书网融合……

本章小结

第四章 数字图像处理

岗位情景模拟

情景描述 某项目组接到某医院的"医学图像处理"开发任务，该系统包含基础的数字图像处理模块：图像读写、图像直方图、图像基本变换、图像颜色空间、图像边缘检测。项目负责人将这些基础的数字图像处理模块指派给某一位程序员开发，假设您是该程序员，负责进行图像处理模块的设计开发。

讨论 1. 图像读写是数字图像处理的基础，程序如何实现图像读写？

2. 图像平移缩放旋转是图像处理的常用操作，有哪些相关算法，程序如何实现？

数字图像处理（digital image processing）又称计算机图像处理，它是指将图像信号转换成数字信号并利用计算机对其进行处理的过程。数字图像处理在许多领域已经广泛应用。农林部门通过遥感图像了解植物生长情况，进行估产，监视病虫害发展及治理；水利部门通过遥感图像分析，获取水害灾情的变化；气象部门用以分析气象云图，提高预报的准确程度；国防及测绘部门使用航测或卫星获得地域地貌及地面设施等资料；机械部门可以使用图像处理技术，自动进行金相图分析识别；医疗部门采用各种数字图像技术对各种疾病进行自动诊断。

数字图像处理常用方法有以下几种。

1. 图像变换 由于图像阵列很大，直接在空间域中进行处理，涉及计算量很大。因此，往往采用各种图像变换的方法，如傅里叶变换、沃尔什变换、离散余弦变换等间接处理技术，将空间域的处理转换为变换域处理，不仅可减少计算量，还可获得更有效的处理（如傅里叶变换可在频域中进行数字滤波处理）。新兴研究的小波变换在时域和频域中都具有良好的局部化特性，它在图像处理中也有着广泛而有效的应用。

2. 图像编码压缩　可减少描述图像的数据量（即比特数），以便节省图像传输、处理时间和减少所占用的存储器容量。压缩可以在不失真的前提下获得，也可以在允许的失真条件下进行。编码是压缩技术中最重要的方法，它在图像处理技术中是发展最早且比较成熟的技术。

3. 图像增强和复原　目的是提高图像的质量，如去除噪声、提高图像的清晰度等。图像增强不考虑图像降质的原因，突出图像中所感兴趣的部分。如强化图像高频分量，可使图像中物体轮廓清晰，细节明显；强化低频分量可减少图像中的噪声影响。图像复原要求对图像降质的原因有一定的了解，一般讲应根据降质过程建立"降质模型"，再采用某种滤波方法，恢复或重建原来的图像。

4. 图像分割　是数字图像处理中的关键技术之一。图像分割是将图像中有意义的特征部分提取出来，其有意义的特征有图像中的边缘、区域等，这是进一步进行图像识别、分析和理解的基础。虽然已研究出不少边缘提取、区域分割的方法，但还没有一种普遍适用于各种图像的有效方法。因此，对图像分割的研究还在不断深入之中，是图像处理中研究的热点之一。

5. 图像描述　是图像识别和理解的必要前提。作为最简单的二值图像可采用其几何特性描述物体的特性，一般图像的描述方法采用二维形状描述，它有边界描述和区域描述两类方法。对于特殊的纹理图像可采用二维纹理特征描述。随着图像处理研究的深入发展，已经开始进行三维物体描述的研究，提出了体积描述、表面描述、广义圆柱体描述等方法。

6. 图像分类（识别）　属于模式识别的范畴，其主要内容是图像经过某些预处理（增强、复原、压缩）后，进行图像分割和特征提取，从而进行判决分类。图像分类常采用经典的模式识别方法，有统计模式分类和句法（结构）模式分类，近年来新发展起来的模糊模式识别和人工神经网络模式分类在图像识别中也越来越受到重视。

第一节　图像的像素格式与图像读写

一、图像像素格式

数字图像又称数码图像或数位图像，是二维图像用有限数字数值像素的表示。数字图像是由模拟图像数字化得到的、以像素为基本元素的、可以用数字计算机或数字电路存储和处理的图像。对于初学者，往往搞不清楚，一个像素究竟是什么？针对数字图像中的位图而言，一张宽度为 W、高度为 H 的图像是由 W×H 个像素点来表示的，每个像素都包含了各自的颜色信息，所以人类的感官才会感知到不同图像的颜色。要有颜色的概念，就要先了解色彩的深度。

色彩深度就是色彩的位数，代表了一个像素用多少个二进制位来表示颜色信息。常用的色彩深度有 1 位（也就是单色）、2 位（也就是 4 色 CGA）、4 位（也就是 16 色 VGA）、8 位（也就是 256 色）、16 位（增强色）以及 24 位和 32 位真彩色等。为便于初学者理解，这里以黑白二值图、灰度图和 24/32 位彩色图四类来做说明。

1. 黑白二值单色图像　图像中每个像素点非黑即白，对于像素值非 0 即 1，每一个像素用一个数值也就是 1 个二进制位即可表示（一个二进制位 0 或者 1），因此，这种黑白二值图也可以叫作单色图，黑白二值图像举例如图 4 - 1 所示。

在图 4 - 1 中，对于任意像素 P0，如果它是黑色像素，那么 P0 = 0，反之，P0 = 1，这就是黑白二值图像中像素 P0 的数字表示。由于每个像素的数值都在 0 ~ 255 之间，因此，通常使用 unsigned char 类型的数组来存储每个像素的数值。对于图 4 - 1 这张宽高为 256 × 256 大小的黑白二值图而言，可以用如下数组形式来存储数据：

$$\text{unsigned char img}[256 * 256] = \{1,1,1,....\};$$

2. 8 位灰度图像 是指用 8 个 bit 位来表示颜色信息的图像，颜色信息范围为 0 ~ 255，0 是黑色，255 是白色。

如图 4 - 2 所示的 8 位灰度图像，看起来是一张灰色的图像，但是人物细节等颜色信息明显要比单色二值图像要多很多，因为二值图像只有 0 和 1 两个颜色信息，而灰度图有 0 ~ 255 共 256 个颜色信息。

图 4 - 1 黑白二值图像示例　　　　　　图 4 - 2 8 位灰度图示例

在图 4 - 2 中，对于任意像素 P0，如果它是黑色像素，那么 P0 = 0，白色 P0 = 255，其他颜色则 P0 在 0 到 255 之间。这就是 8 位灰度图像中像素 P0 的数字表示。由于每个像素的数值都在 0 ~ 255 之间，因此，通常依旧使用 unsigned char 类型的数组来表示每个像素的数值。对于图 4 - 2 这张宽高为 256 × 256 大小的灰度图而言，可以用如下数组形式来存储数据：

$$\text{unsigned char imggray}[256 * 256] = \{255,255,255,....\};$$

3. 24 位彩色图像 为了表示更加丰富的彩色信息，基于三原色 RGB，将每个像素分为 R、G 和 B 三个颜色分量，即红色分量 Red，绿色分量 Green 和蓝色分量 Blue。同时，对于每个分量都使用 8 个二进制位也就是 1 个字节大小来表示它的颜色信息，对应数值范围为 0 ~ 255。这样，一个像素占用 3 个字节，24 个 Bit 位，也就是 24 位彩色图像。颜色信息则是 RGB 三个颜色分量的组合，由于每个分量可以表示 0 ~ 255 共 256 种颜色，因此，24 位彩色图像像素共有 256 × 256 × 256 种颜色信息，也将 RGB 三个颜色分量叫作三个通道，示例如图 4 - 3 所示。

在图 4 - 3 中，对于任意像素 P0，如果它是黑色像素，那么 P0 = （R = 0，G = 0，B = 0），白色 P0 = （R = 255，G = 255，B = 255），通常用一个 RGB 坐标轴的三维坐标来表示，即黑色 P0 （0，0，0），白色 P0 （255，255，255）。这就是 24 位彩色图像中像素 P0 的数字表示。由于每个像素的 RGB 数值都在 0 ~ 255 之间，因此，通常依旧使用 unsigned char 类型的数组来表示每个像素的数值。对于图 4 - 3 这张宽高为 256 × 256 大小的 24 位彩色图而言，由于每个像素有三个通道，可以用如下数组形式来存储数据：

$$\text{unsigned char imgcolor24}[256 * 256 * 3] = \{255,255,255,....\};$$

4. 32 位彩色图像 理解了 24 位彩色图像，那么，32 位彩色图像就是在 24 位彩色图像的基础上添加了一个透明通道 alpha 位，我们经常看到一些有透明区域的图像，这些透明区域如何控制，就是依靠这个 alpha 通道来实现的。对于 32 位彩色图像的每个像素，使用 RGBA 四个颜色分量来表示，A 就是透明度分量，同样占用 1 个字节 8 个 bit，所以，一个像素共占用 32 个 bit，4 个字节。32 位彩色图像有 4 个通道，也就是 RGBA 四通道。对于黑色像素表示为 （0，0，0，A），白色像素表示为 （255，255，255，A），示例如图 4 - 4 所示。

图 4 - 3　24 位彩色图像示例

图 4 - 4　32 位彩色图像示例

在图 4 - 4 中，方格子区域表示这些区域的像素透明通道是 0（全透明），可以看到的人物区域像素的透明通道是 255（不透明）。由于每个像素的 RGBA 数值都在 0 ~ 255 之间，因此，对于图 4 - 4 这张宽高为 256 × 256 大小的 32 位彩色图而言，由于每个像素有四个通道，可以用如下数组形式来存储数据：

$$\text{unsigned char imgcolor32}[256 * 256 * 4] = \{255,255,255,....\};$$

对于上述几种格式，是比较常见的，而对于初学者，将以 32 位 BGRA 四通道位图格式为主，来教会大家如何入门数字图像处理。其他几种格式，大家可以简单理解为通道数的差别。

二、图像读写

图像读写专业角度又叫图像编解码，图像编解码是数字图像处理中的重要组成部分。由于图像格式多种多样，需要对每一种图像进行格式分析，然后单独编解码，同时还要考虑效率和质量问题。对于初学者而言，想要自己实现常用图像的编解码算法基本不太现实，常用的方法就是调用各种第三方库，比如 libjpg/libpng 等，或者直接使用 opencv/matlab 等数字图像处理库。而这些方法对于初学者而言，需借助第三方库，配置烦琐，学习起来比较困难。

本节不使用和依赖第三方库，以简单的 C 语言调用来进行图像读写。借助来自 MIT 的开源代码 "stb"。stb 的代码中关于图像读写的部分只有两个头文件：stb_image. h 和 stb_image_write. h，可以实现常用图像格式如 "BMP/JPG/PNG/TGA/HDR/PSD/GIF" 等的编解码，而且支持从文件流和文件路径以及内存三个方式进行处理，算法进行了一定的汇编优化，最重要的是代码开源，速度快，效果好，逻辑简单。

为了更好地从初学者角度考虑，本教材对 stb 进行了二次封装，以 32 位 bgra 四通道格式为基础，将 stb 的几种常用图像格式 "BMP/JPG/PNG/TGA" 编解码接口进行了合并融合，得到了如下简单的接口：

```
/ ********************** ImageFormat ********************** /
enum IMAGE_FORMAT{BMP = 0,JPG,PNG,TGA};
/ **************************************************
* Function：      Trent_ImgBase_ImageLoad
* Description：    Image loading
* Params：         fileName – image file path,eg:"C:\\test. jpg".
*                 width – image width.
*                 height – image height.
*                 component – the bits per pixel.
```

```
*                          1                grey
*                          2                grey，alpha
*                          3                red，green，blue
*                          4                red，green，blue，alpha
* Return：          image data.
***********************************************************/
unsigned char * Trent_ImgBase_ImageLoad（char * fileName，int * width，int * height，int * component）；
/***********************************************************
* Function：         Trent_ImgBase_ImageSave
* Description：      Image loading
* Params：           fileName – image file path，eg：" C：\\save. jpg".
*                    width – image width.
*                    height – image height.
*                    data – the result image data to save，with format BGRA32.
*                    format – image format，0 – BMP，1 – JPG，2 – PNG，3 – TGA
* Return：          0 – OK.

***********************************************************/
int Trent_ImgBase_ImageSave（char const * fileName，int width，int height，const void * data，int format）；
```

在上述封装代码中，将 stb 的多个接口合并为两个接口，Trent_ ImgBase_ ImageLoad 图像加载和 Trent_ImgBase_ImageSave 图像保存接口，分别使用图像路径进行操作，简单明了，更加易用。由于 stb 源代码中本身对于 bmp 和 jpg 格式是返回 24 位三通道图像数据的，为了方便初学者学习，本教材统一将其扩充为了 32 位 bgra 格式，完整的封装代码如下：

```
#include" f_SF_ImgBase_RW. h"
#define STB_IMAGE_IMPLEMENTATION
#include" stb_image. h"
#define STB_IMAGE_WRITE_IMPLEMENTATION
#include" stb_image_write. h"
#include < stdlib. h >
#include < string. h >
#include < math. h >

inline unsigned char * f_TImageLoad（char * fileName，int * width，int * height，int * component，int red-comp）
{
        unsigned char * tempData = stbi_load（fileName，width，height，component，redcomp）；
        //printf（" component：  % d"，* component）；
        //根据像素通道数 component 进行判断，分别将 8/24/32 位转换为 32 位 bgra 格式数据
```

```
if( * component == 4)
{
    unsigned char * srcData = ( unsigned char * ) malloc ( sizeof ( unsigned char) ** width **
height * 4) ;
    unsigned char * pSrc = srcData;
    unsigned char * pTemp = tempData;

    for( int j = 0; j < * height; j++ )
    {
        for( int i = 0; i < * width; i++ )
        {
            pSrc[0] = pTemp[2];
            pSrc[1] = pTemp[1];
            pSrc[2] = pTemp[0];
            pSrc[3] = pTemp[3];
            pSrc += 4;
            pTemp += 4;
        }
    }
    free( tempData) ;
    return srcData;
}
else if( * component == 3)
{
    unsigned char * srcData = ( unsigned char * ) malloc ( sizeof ( unsigned char) ** width **
height * 4) ;
    unsigned char * pSrc = srcData;
    unsigned char * pTemp = tempData;
    for( int j = 0; j < * height; j++ )
    {
        for( int i = 0; i < * width; i++ )
        {
            pSrc[0] = pTemp[2];
            pSrc[1] = pTemp[1];
            pSrc[2] = pTemp[0];
            pSrc[3] = 255;
            pSrc += 4;
            pTemp += 3;
        }
    }
}
```

```
            free( tempData) ;
             * component = 4 ;
            return srcData ;
        }
    else if( * component == 1 )
        {
            unsigned char * srcData = ( unsigned char * ) malloc ( sizeof ( unsigned char ) ** width **
height * 4 ) ;
            unsigned char * pSrc =    ( unsigned char * ) srcData ;
            unsigned char * pTemp = tempData ;
            for( int j = 0 ; j < * height ; j++ )
            {
                for( int i = 0 ; i < * width ; i++ )
                {
                    int gray = * pTemp++ ;
                    pSrc[ 0 ] = gray ;
                    pSrc[ 1 ] = gray ;
                    pSrc[ 2 ] = gray ;
                    pSrc[ 3 ] = 255 ;
                    pSrc + = 4 ;
                }
            }
            free( tempData) ;
             * component = 4 ;
            return srcData ;
        }
    else
        return NULL ;
} ;

inline int f_TImageSavePng( char const * fileName, int width, int height, int component, const void    * data,
int stride_in_bytes)
    {
            unsigned char * pSrc = ( unsigned char * ) data ;
            for( int j = 0 ; j < height ; j++ )
            {
                for( int i = 0 ; i < width ; i++ )
                {
                    int temp = pSrc[ 0 ] ;
```

```
                pSrc[0] = pSrc[2];
                pSrc[2] = temp;
                pSrc + = 4;
            }
        }
        return stbi_write_png(fileName, width, height, component, data, stride_in_bytes);
};

inline int f_TImageSaveBmp(char const * fileName, int width, int height, int component, const void    * data)
{
        unsigned char * pSrc =    (unsigned char * )data;
        for(int j = 0; j < height; j++)
        {
            for(int i = 0; i < width; i++)
            {
                int temp = pSrc[0];
                pSrc[0] = pSrc[2];
                pSrc[2] = temp;
                pSrc + = 4;
            }
        }
        return stbi_write_bmp(fileName, width, height, component, data);
};

inline int f_TImageSaveTga(char const * fileName, int width, int height, int component, const void    * data)
{
        unsigned char * pSrc =    (unsigned char * )data;
        for(int j = 0; j < height; j++)
        {
            for(int i = 0; i < width; i++)
            {
                int temp = pSrc[0];
                pSrc[0] = pSrc[2];
                pSrc[2] = temp;
                pSrc + = 4;
            }
        }
        return stbi_write_tga(fileName, width, height, component, data);
};
```

```
inline int f_TImageSaveJpg( char const * fileName, int width, int height, int component, const void    * data,
int quality)
    {
            unsigned char * pSrc = ( unsigned char * ) data;
            for( int j = 0; j < height; j++ )
            {
                for( int i = 0; i < width; i++ )
                {
                    int temp = pSrc[ 0 ];
                    pSrc[ 0 ] = pSrc[ 2 ];
                    pSrc[ 2 ] = temp;
                    pSrc + = 4;

                }

            }
            return stbi_write_jpg( fileName, width, height, component, data, quality);
    };


/ ********************************************************
* Function:        Trent_ImgBase_ImageLoad
* Description:     Image loading
* Params:          fileName – image file path, eg:" C: \ \test. jpg".
*                  width – image width.
*                  height – image height.
*                  component – the bits per pixel.
*                          1                grey
*                          2                grey, alpha
*                          3                red, green, blue
*                          4                red, green, blue, alpha
* Return:          image data.
******************************************************** /
unsigned char * Trent_ImgBase_ImageLoad( char * fileName, int * width, int * height, int * component)
    {
        int redcomp = 0;
        return f_TImageLoad( fileName, width, height, component, redcomp);
    };


/ ********************************************************
* Function:        Trent_ImgBase_ImageSave
* Description:     Image loading
```

```
*  Params：         fileName – image file path，eg："C：\\save. jpg".
*                   width – image width.
*                   height – image height.
*                   data – the result image data to save，with format BGRA32.
*                   format – image format，0 – BMP，1 – JPG，2 – PNG，3 – TGA
* Return：          0 – OK.
*******************************************************/
int Trent_ImgBase_ImageSave( char const * fileName，int width，int height，const void * data，int format)
{
    int component = 4；
    int ret = 0；
    // 判断图像格式，根据格式进行图像保存
    switch( format)
    {
    case 0：// bmp
        ret = f_TImageSaveBmp( fileName，width，height，component，data)；
        break；
    case 1：// jpg
        ret = f_TImageSaveJpg( fileName，width，height，component，data，100)；
        break；
    case 2：// png
        ret = f_TImageSavePng( fileName，width，height，component，data，width * 4)；
        break；
    case 3：// tga
        ret = f_TImageSaveTga( fileName，width，height，component，data)；
        break；
    default：
        printf( "Trent_SF_ImgBase_ImageSave ERROR!")；
        break；
    }
    return 0；
};
```

这两个接口的调用代码如下所示：

```
#include" stdafx. h"
#include" imgRW\f_SF_ImgBase_RW. h"

int_tmain( int argc，_TCHAR * argv[ ])
{
```

```
//定义输入图像路径
char * inputImgPath = "D://Test. jpg";
//定义输出图像路径
char * outputImgPath = "D://Test_Res. jpg";
//定义图像宽高信息
int width = 0, height = 0, component = 0, stride = 0;
//图像读取(得到 32 位 bgra 格式图像数据)
unsigned char * bgraData = Trent_ImgBase_ImageLoad(inputImgPath, &width, &height, &component);
stride = width * 4;
//其他图像处理操作(这里以 32 位彩色图像灰度化为例)
//IMAGE PROCESS/
unsigned char * pSrc = bgraData;
for(int j = 0; j < height; j++ )
{
    for(int i = 0; i < width; i++ )
    {
        int gray = ( pSrc[0] + pSrc[1] + pSrc[2] )/3;
        pSrc[0] = pSrc[1] = pSrc[2] = gray;
        pSrc + =4;
    }
}
//图像保存
int ret = Trent_ImgBase_ImageSave(outputImgPath, width, height, bgraData, JPG);
free(bgraData);
return 0;
}
```

这段测试代码中，我们使用简单的 32 位彩色图像灰度化效果来进行说明，对应给出测试效果图如图 4 - 5 所示，简单的几行代码，快速实现了图像读写和 32 位彩色图像灰度化处理。

图 4 - 5　图像读写测试

在测试代码中，使用到了 Stride。Stride 表示图像数据在内存中的行跨度。这个行跨度并不一定是图像每一行数据的真实宽度。通常在内存中，图像的行数据是以 4 字节对齐的，也就是行跨度的值是 4 的倍数。对于 32 位 bgra 格式的图像，它的行跨度 Stride = width * 4，本身就是 4 的倍数，因此 Stride 与真实数据的宽度一致，不用考虑对齐问题。而对于 24 位 rgb 或 bgr 格式，它的每一行真实的图像数据是 width * 3，而这个数字并不一定是 4 的倍数，比如：一行有 11 个像素（Width = 11），对一个 24 位（每个像素 3 字节）的图像，Stride = 11 * 3 + 3 = 36，而真实的行数据位 11 * 3 = 33，这时就出现了偏差，而这个偏差值 3 就是扩展出来用于 4 字节对齐的部分。

本节中考虑的是 32 位图像，可以忽略 Stride，但是，对于其他格式图像，这里给出一个 Stride 的计算公式：

$$Stride = 每像素占用的字节数（像素位数/8） * Width；$$

$$如果 Stride 不是 4 的倍数，那么 Stride = Stride + （4 - Stride \ mod \ 4）；$$

第二节　彩色图像灰度化和二值化

一、彩色图像灰度化

（一）定义

上一节中介绍了 8 位单色灰度图，它使用 0 ~ 255 来表示一个像素，但在实际使用中，最常用的还是彩色图像灰度化。对于 32 位 bgra 彩色图像，或者 24 位 rgb/bgr 彩色图像，一个像素由红绿蓝三原色混合而成，这也就是绘画中的调色过程，如何调制灰色？其实很简单，只要红绿蓝以相同程度进行混合，那么结果就呈现出灰色。基于这个原理，可以给出彩色图像灰度化的本质：R = G = B，即红绿蓝三通道的像素值相等，此时，彩色图就表现为灰度图，而这个过程，就叫做彩色图像的灰度化。

如图 4 - 6 所示，左侧位 32bgra 彩色图，右侧为对应的灰度图，该灰度图算法来自 Photoshop "去色" 命令。

32 位彩色图　　　　　　　　　　　　32 位灰度图

图 4 - 6　彩色图像灰度化示例

（二）算法

彩色图像灰度化常用的算法公式有三种：明度公式、视觉公式和 Photoshop 去色公式。

1. 明度公式

$$Gray(i,j) = [R(i,j) + G(i,j) + B(i,j)]/3$$
$$R(i,j) = G(i,j) = B(i,j) = Gray(i,j)$$

　　明度公式实际上就是取一个像素的红绿蓝三通道均值，将均值作为该像素的灰度值，以此实现灰度化效果。明度法灰度化的代码如下：

```
/ *******************************************
 * Function:明度法灰度化
 * Params:
 *          srcData:32 位 bgra 图像数据
 *          width:图像宽度
 *          height:图像高度
 *          stride:图像幅度,对于 32 位 bgra 格式而言, stride = width * 4
 * Return：  0 - 成功,其他失败
 ******************************************* /
int f_GrayIntensity( unsigned char * srcData,int width,int height,int stride)
{
    int ret = 0;
    unsigned char * pSrc = srcData;
    for( int j = 0;j < height;j++ )
    {
        for( int i = 0;i < width;i++ )
        {
            //pSrc[0]—Blue 蓝色通道,pSrc[1]—Green 绿色通道,pSrc[2]—Red 红色通道
            int gray = ( pSrc[0] + pSrc[1] + pSrc[2])/3;
            pSrc[0] = pSrc[1] = pSrc[2] = gray;
            //32 位 bgra 格式,每个像素有 4 个字节表示,所以内存中每次偏移 4 表示一个像素
            pSrc + = 4;
        }
    }
    return ret;
};
```

　　明度法彩色图像灰度化的效果测试如图 4-7 所示。

图 4-7　彩色图像灰度化（明度公式）

2. 视觉公式

$$Gray(i,j) = 0.299R(i,j) + 0.587G(i,j) + 0.114B(i,j)$$

$$R(i,j) = G(i,j) = B(i,j) = Gray(i,j)$$

由于人眼对于颜色的感应是不同的，人眼对绿色的敏感最高，对蓝色敏感最低，因此，上述公式是通过对像素 RGB 三分量进行加权平均，得到一种较合理的灰度图像，该公式也是最经典的灰度化公式。

视觉颜色法灰度化的代码如下：

```
/ ***************************************************
* Function:视觉颜色法灰度化
* Params:
*          srcData:32 位 bgra 图像数据
*          width:图像宽度
*          height:图像高度
*          stride:图像幅度,对于 32 位 bgra 格式而言,stride = width * 4
* Return： 0 - 成功,其他失败
*************************************************** /
int f_Gray(unsigned char * srcData,int width,int height,intstride)
{
    int ret =0;
    unsigned char * pSrc = srcData;
    for( int j =0;j < height;j++ )
    {
        for( int i =0;i < width;i++ )
        {
            //pSrc[0]—Blue 蓝色通道,pSrc[1]—Green 绿色通道,pSrc[2]—Red 红色通道
            int gray = 0.299f * pSrc[2] +0.587f * pSrc[1] +0.114f * pSrc[0];
            pSrc[0] = pSrc[1] = pSrc[2] = gray;
            //32 位 bgra 格式,每个像素有 4 个字节表示,所以内存中每次偏移 4 表示一个像素
            pSrc + =4;
        }
    }
    return ret;
};
```

视觉颜色法彩色图像灰度化的效果测试如图 4 – 8 所示。

图 4 – 8　彩色图像灰度化（视觉颜色公式）

3. Photoshop 去色公式

$$Gray(i,j) = [max(R(i,j),G(i,j),B(i,j)) + min(R(i,j),G(i,j),B(i,j))]/2$$
$$R(i,j) = G(i,j) = B(i,j) = Gray(i,j)$$

Photoshop 中的去色公式是一种考虑了图像对比度信息的灰度化公式，可以更好地突出颜色反差，在一些颜色较为接近的图像中表现会比较明显。它的算法比较简单，求取每个像素 RGB 三通道值的最大值和最小值，然后计算两者的均值，将均值作为灰度化结果即可。

Photoshop 灰度化的代码如下：

```
/***************************************************
* Function：Photoshop 灰度化
* Params：
*          srcData：32 位 bgra 图像数据
*          width：图像宽度
*          height：图像高度
*          stride：图像幅度,对于 32 位 bgra 格式而言,stride = width * 4
* Return： 0 – 成功,其他失败
***************************************************/
int f_GrayPhotoshop( unsigned char * srcData,int width,int height,int stride)
{
    int ret = 0;
    unsigned char * pSrc = srcData;
    for( int j = 0;j < height;j++ )
    {
        for( int i = 0;i < width;i++ )
        {
            //pSrc[0]—Blue 蓝色通道,pSrc[1]—Green 绿色通道,pSrc[2]—Red 红色通道
            int Max = MAX2(pSrc[0],MAX2(pSrc[1],pSrc[2]));
            int Min = MIN2(pSrc[0],MIN2(pSrc[1],pSrc[2]));
            int gray = ( Max + Min)/2;
            pSrc[0] = pSrc[1] = pSrc[2] = gray;
```

```
        //32 位 bgra 格式,每个像素有 4 个字节表示,所以内存中每次偏移 4 表示一个像素
        pSrc + = 4;
    }
}

    return ret;
};
```

代码中的 MAX2，MIN2 宏定义如下：

#define MIN2(a,b)((a)<(b)？(a):(b))

#define MAX2(a,b)((a)>(b)？(a):(b))

Photoshop 去色法彩色图像灰度化的效果测试如图 4 - 9 所示。

图 4 - 9　彩色图像灰度化（Photoshop 去色法）

　　上述三种是常用的彩色图像灰度化算法，作为初学者，要学会透过现象看本质，抓住灰度化的本质，即：RGB 三通道颜色值相同。

　　灰度化算法并非唯一，大家可以根据自己的需求设计自己的灰度化算法，如此才能举一反三，学以致用。

二、彩色图像二值化

　　彩色图像二值化实际上就是将一幅彩色图，转换为只有两种颜色的图像，我们通常说的黑白阈值化只是其中的一个特例，或者说，黑白二值化是狭义的二值化理解，任意两种颜色二值化则是更为宽泛的理解。如图 4 - 10 所示，这些都叫作二值化。

图 4 - 10　彩色图像二值化示例

以灰度图像二值化为例，算法公式如下：

$$Binary(i,j) = \begin{cases} C1, Gray(i,j) < Theshold \\ C2, Other \end{cases},$$

$$R(i,j) = G(i,j) = B(i,j) = Binary(i,j)$$

其中，C1 和 C2 分别表示两种颜色值，如果为黑白二值化，C1 和 C2 则表示黑白两种颜色，Threshold 表示阈值，范围［0，255］，根据阈值将像素划分为 C1 和 C2 两类。

彩色图像二值化算法的代码如下：

```
/***************************************************
* Function:彩色图像二值化
* Params:
*          srcData:32 位 bgra 图像数据
*          width:图像宽度
*          height:图像高度
*          stride:图像幅度,对于 32 位 bgra 格式而言,stride = width * 4
*          Threshold:阈值,范围[0,255],根据此值将图像二值化
* Return：  0 - 成功,其他失败
***************************************************/
int f_Binary( unsigned char * srcData,int width,int height,int stride,int Threshold)
{
    int ret = 0;
    unsigned char * pSrc = srcData;
    for( int j = 0;j < height;j++ )
    {
        for( int i = 0;i < width;i++ )
        {
            //pSrc[0]—Blue 蓝色通道,pSrc[1]—Green 绿色通道,pSrc[2]—Red 红色通道
            int gray = 0.299f * pSrc[2] + 0.587f * pSrc[1] + 0.114f * pSrc[0];
            //根据灰度值进行黑白二值化
            pSrc[0] = pSrc[1] = pSrc[2] = ( gray < Threshold ? 0 : 255);
            //32 位 bgra 格式,每个像素有 4 个字节表示,所以内存中每次偏移 4 表示一个像素
            pSrc + = 4;
        }
    }
    return ret;
};
```

彩色图像二值化的效果测试如图 4 - 11 所示。

图 4 - 11　彩色图像二值化（黑白二值，阈值 Threshold = 128）

二值化在图像分割中十分常见，其难点在自适应设置阈值 Threshold 来将图像二值化处理，常用的自动二值化算法有：Ostu 阈值化、P 分位阈值化、统计阈值化、最大类间方差二值化等。

彩色图像灰度化和二值化的调用方式代码如下：

```
#include" stdafx. h"
#include" imgRW\f_SF_ImgBase_RW. h"
#include" f_Gray. h"
#include" f_Binary. h"

int_tmain( int argc ,_TCHAR * argv[ ] )
{
    //定义输入图像路径
    char * inputImgPath = " D://数字图像处理//4. 2 彩色图像灰度化和二值化//Trent_ImageRWDemo//Trent_ImageRWDemo //Test. png" ;
    //定义输出图像路径
    char * outputImgPath_gray_a = " D://数字图像处理//4. 2 彩色图像灰度化和二值化//Trent_ImageRWDemo //Trent_ImageRWDemo //intensity_gray. jpg" ;
    char * outputImgPath_gray_b = " D://数字图像处理//4. 2 彩色图像灰度化和二值化//Trent_ImageRWDemo //Trent_ImageRWDemo //gray. jpg" ;
    char * outputImgPath_gray_c = " D://数字图像处理//4. 2 彩色图像灰度化和二值化//Trent_ImageRWDemo //Trent_ImageRWDemo //photoshop_gray. jpg" ;
    char * outputImgPath_binary = " D://数字图像处理//4. 2 彩色图像灰度化和二值化//Trent_ImageRWDemo //Trent_ImageRWDemo //binary. jpg" ;
    //定义图像宽高信息
    int width = 0 ,height = 0 ,component = 0 ,stride = 0 ;
    //图像读取( 得到 32 位 bgra 格式图像数据)
    unsigned char * bgraData = Trent_ImgBase_ImageLoad( inputImgPath ,&width ,&height ,&component ) ;
    stride = width * 4 ;
    //其他图像处理操作( 这里以 32 位彩色图像灰度化为例)
    //////////////////////IMAGE PROCESS //////////////////////
```

```
        int ret = 0;
        ///彩色图像灰度化(明度公式)
        ret = f_GrayIntensity(bgraData, width, height, stride);
        ret = Trent_ImgBase_ImageSave(outputImgPath_gray_a, width, height, bgraData, JPG);
        ///彩色图像灰度化(视觉颜色公式)
        ret = f_Gray(bgraData, width, height, stride);
        ret = Trent_ImgBase_ImageSave(outputImgPath_gray_b, width, height, bgraData, JPG);
        ///彩色图像灰度化(Photoshop 去色公式)
        ret = f_GrayPhotoshop(bgraData, width, height, stride);
ret = Trent_ImgBase_ImageSave(outputImgPath_gray_c, width, height, bgraData, JPG);
        ///彩色图像二值化(黑白二值)
        int threshold = 128;
        ret = f_Binary(bgraData, width, height, stride, threshold);
        ret = Trent_ImgBase_ImageSave(outputImgPath_binary, width, height, bgraData, JPG);
        printf("Done!");
        ////////////////////////////////////////////////
        free(bgraData);
        return 0;
    }
```

灰度化和二值化都是数字图像处理中很重要的组成部分，灰度化中比较热门的是对比度保留的彩色图像去色算法，研究在特殊图像颜色下的灰度化，如图 4 - 12 所示，一般的灰度化算法处理之后，图像原有的信息已经无法辨识，而对比度保留的灰度化算法处理结果依然可以清晰保留这些信息。

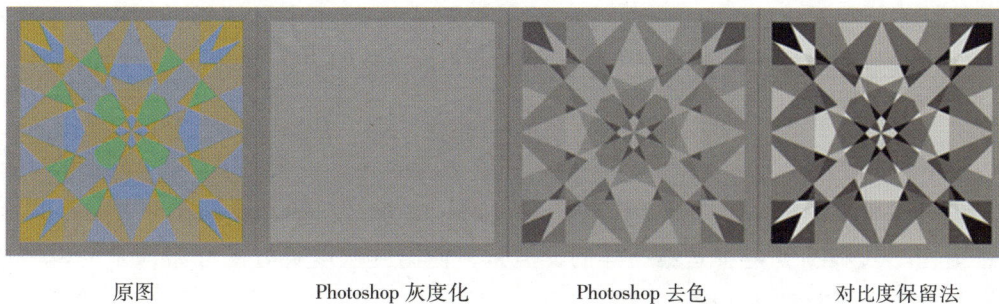

原图　　　　　　　Photoshop 灰度化　　　　　Photoshop 去色　　　　　对比度保留法

图 4 - 12　对比度保留法灰度化示例

第三节　图像直方图

一、定义与算法

直方图包括灰度直方图和彩色直方图两类，如果把灰度直方图看作是灰度通道的直方图，那么，彩色直方图可以看作是 R/G/B 三通道的独立直方图。

灰度直方图描述的是图像中该灰度级对应的像素个数，也就是像素的统计信息。所谓的灰度级，就是像素的取值范围，通常为 0 ~ 255，共 256 个值，因此对应 256 个灰度级。

如何绘制直方图呢？如果以横坐标表示灰度级，纵坐标表示该灰度级像素的个数，以图 4 – 13 所示测试图为例来做说明。

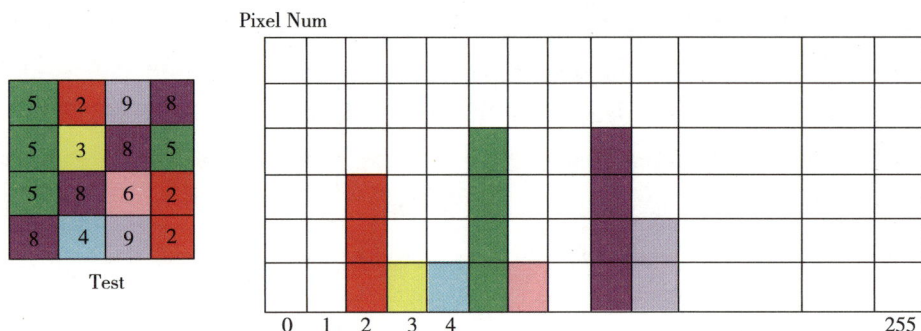

图 4 – 13   直方图示意图

图 4 – 13 中左边 Test 为一张宽高 4×4 大小的灰度图，不过使用了彩色来区分不同的灰度值。我们以横坐标表示灰度级，纵坐标表示像素个数，用对应颜色来区分不同灰度级，在 Test 中，统计不同灰度级对应的像素个数，如下所示：

灰度级为 2 的像素有 3 个；

灰度级为 3 的像素有 1 个；

灰度级为 4 的像素有 1 个；

灰度级为 5 的像素有 4 个；

灰度级为 6 的像素有 1 个；

灰度级为 8 的像素有 4 个；

灰度级为 9 的像素有 2 个。

在右边坐标系中，用对应的颜色进行填充，每个小方格表示一个像素个数，这样就得到了一张高低不同的统计图，这种统计图就叫做直方图。从直方图中，可以很明显地看出，一张图中有多少个像素灰度级，每个灰度级有多少像素，进而可以根据直方图计算出对应的均值和方差等信息。

直方图可以反映一张图的像素灰度级分布情况，但是无法反映图像的内容，一张直方图可能对应一张原始图像，也可能对应多张原始图像，图像内容不同，但像素对应灰度级分布相同。以图 4 – 14 为例，左右两张图，图 A 和图 B 内容是不一样的，但是，他们的灰度直方图分布却是一模一样的，这是因为他们每个灰度级像素数目是一样的。

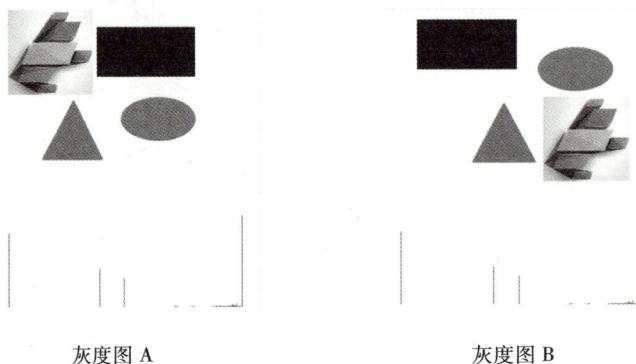

灰度图 A   灰度图 B

图 4 – 14   灰度直方图特例举例

直方图具有平移、旋转和缩放不变性的特点。对于平移图像、旋转图像角度的情况下，图像操作前后的直方图分布不变，对于缩放图像，前后直方图的分布也基本不变，如图4-15所示。

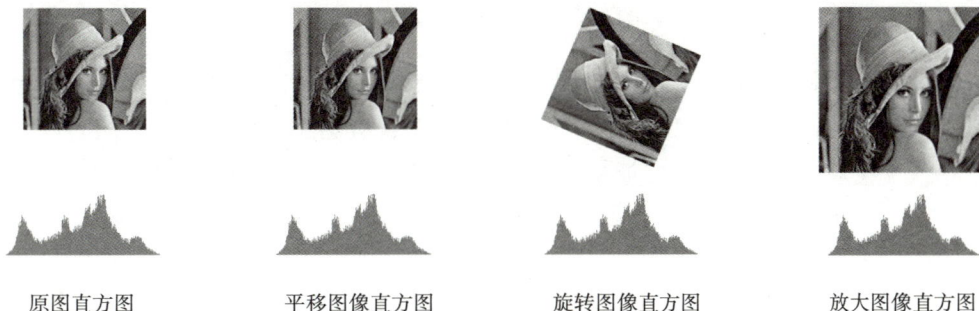

| 原图直方图 | 平移图像直方图 | 旋转图像直方图 | 放大图像直方图 |

图4-15 直方图平移旋转缩放不变性示意图

正是由于直方图这些特性，使得直方图在图像分割、图像分类和图像检索以及图像识别中意义重大。

二、绘制与代码

了解了直方图的定义，我们就可以用程序绘制出图像的直方图。我们以灰度直方图为例，具体步骤如下。

（1）定义一个一维数组 grayLut [256]，初始化为0，用来存储直方图统计信息

```
int grayLut[256] = {0};
```

（2）遍历图像每个像素，计算像素灰度值 gray，使用明度灰度计算公式

$$gray = (R + G + B)/3$$

（3）直方图对应灰度级累加

```
grayLut[gray]++;
```

实际上到这一步，已经统计出每一个灰度级对应的像素数，也就是直方图信息，后面的步骤是为了将其形象地绘制出来。

（4）计算最大灰度级对应像素数 max

```
for(int i = 0;i < 256;i++)
{
    max = MAX2(max,grayLut[i]);
}
```

（5）定义一张宽256、高100的空白图像，按照最大值 max 重新映射每个灰度级对应像素数。

这一步是为了避免灰度级像素数过大或者过小，导致无法绘制问题，这里，统一将其归一化到高度为100的图像内，也就是100的高度对应的是 max 个像素数量：

```
int sum = CLIP3(maxUnit * hHeight * grayLut[i]/max,0,100);
```

CLIP3 宏定义如下：

#define CLIP3(x,a,b) MIN2(MAX2(a,x),b)

注意这里的 maxUnit 是一个调节因子，如果 maxUnit = 1 就是正常的直方图，如果 maxUnit = 5 就表示像素数统计扩大了 5 倍，这样做，仅仅是为了更方便的视图，有的图像中像素灰度级过于单一，会导致直方图信息很小，无法看清楚，maxUnit 就是为了解决这个问题而设置的缩放参数。

有了上述步骤，给出代码，该代码包含了灰度通道和红绿蓝三通道的直方图绘制：

```c
#include"f_Histagram. h"

/ ************************************************************
* Function：   Histagram
* Description：  Image loading
* Params：      srcData – 32bgra image data.
*               width – image width.
*               height – image height.
*               stride – image stride.
*               mode – 0 – 1 – 2 – 3 – gray – red – green – blue channel histagram
* Return：      histagram image data,image size[256x100].
************************************************************ /
unsigned char * f_Histagram(unsigned char * srcData,int width,int height,int stride,int mode)
{
    unsigned char * pSrc = srcData;
    int hWidth = 256;
    int hHeight = 100;
    int maxUnit = 5;
    int hStride = 256 * 4;
    unsigned char * histData = (unsigned char * )malloc(sizeof(unsigned char) * hHeight * hStride);
    memset(histData,255,sizeof(unsigned char) * hHeight * hStride);
    unsigned char * pHist = histData;
    int max = 0;
    if(mode == CHANNEL_GRAY)//灰度直方图
    {
        int grayLut[256] = {0};
        for(int j = 0;j < height;j++)
        {
            for(int i = 0;i < width;i++)
            {
                int gray = (pSrc[0] + pSrc[1] + pSrc[2])/3;
```

```
                grayLut[gray]++;
                pSrc+=4;
            }
        }
        for(int i=0;i<256;i++)
        {
            max=MAX2(max,grayLut[i]);
        }
        for(int i=0;i<hWidth;i++)
        {
            int sum=CLIP3(maxUnit*hHeight*grayLut[i]/max,0,100);
            for(int j=0;j<sum;j++)
            {
                int pos=i*4+(hHeight-1-j)*hStride;
                histData[pos]=128;
                histData[pos+1]=128;
                histData[pos+2]=128;
            }
        }
    }
    else if(mode==CHANNEL_RED)//红色(Red)通道直方图
    {
        int grayLut[256]={0};
        for(int j=0;j<height;j++)
        {
            for(int i=0;i<width;i++)
            {
                int gray=pSrc[2];//PC上一般通道顺序位bgra排列
                grayLut[gray]++;
                pSrc+=4;
            }
        }
        for(int i=0;i<256;i++)
        {
            max=MAX2(max,grayLut[i]);
        }
        for(int i=0;i<hWidth;i++)
        {
            int sum=CLIP3(maxUnit*hHeight*grayLut[i]/max,0,100);
```

```
        for( int j = 0 ; j < sum ; j++ )
        {
            int pos = i * 4 + ( hHeight - 1 - j) * hStride ;
            histData[ pos ] = 0 ;
            histData[ pos + 1 ] = 0 ;
            histData[ pos + 2 ] = 255 ;
        }
    }
}
else if( mode == CHANNEL_GREEN )//绿色( Green)通道直方图
{
    int grayLut[ 256 ] = {0} ;
    for( int j = 0 ; j < height ; j++ )
    {
        for( int i = 0 ; i < width ; i++ )
        {
            int gray = pSrc[ 1 ] ;//PC 上一般通道顺序位 bgra 排列
            grayLut[ gray ] ++ ;
            pSrc + = 4 ;
        }
    }
    for( int i = 0 ; i < 256 ; i++ )
    {
        max = MAX2( max , grayLut[ i ] ) ;
    }
    for( int i = 0 ; i < hWidth ; i++ )
    {
        int sum = CLIP3( maxUnit * hHeight * grayLut[ i ]/max , 0 , 100 ) ;
        for( int j = 0 ; j < sum ; j++ )
        {
            int pos = i * 4 + ( hHeight - 1 - j) * hStride ;
            histData[ pos ] = 0 ;
            histData[ pos + 1 ] = 255 ;
            histData[ pos + 2 ] = 0 ;
        }
    }
}
else if( mode == CHANNEL_BLUE )//蓝色( blue)通道直方图
{
```

```
        int grayLut[256] = {0};
        for(int j = 0;j < height;j++)
        {
            for(int i = 0;i < width;i++)
            {
                int gray = pSrc[0];//PC 上一般通道顺序位 bgra 排列
                grayLut[gray]++;
                pSrc += 4;
            }
        }
        for(int i = 0;i < 256;i++)
        {
            max = MAX2(max,grayLut[i]);
        }
        for(int i = 0;i < hWidth;i++)
        {
            int sum = CLIP3(maxUnit * hHeight * grayLut[i]/max,0,100);
            for(int j = 0;j < sum;j++)
            {
                int pos = i * 4 + (hHeight - 1 - j) * hStride;
                histData[pos] = 255;
                histData[pos + 1] = 0;
                histData[pos + 2] = 0;
            }
        }
    }
    else
        return NULL;
    return histData;
};
```

调用方式代码如下：

```
#include"stdafx.h"
#include"imgRW\f_SF_ImgBase_RW.h"
#include"f_Histagram.h"

int_tmain(int argc,_TCHAR * argv[])
{
    //定义输入图像路径
```

char * inputImgPath = " D:∥数字图像处理∥4.3 图像直方图∥Trent_ImageRWDemo ∥Trent_Image-eRWDemo ∥Test. png";

∥定义输出图像路径

char * outputImgPath_gray = " D:∥数字图像处理∥4.3 图像直方图∥Trent_ImageRWDemo ∥Trent_ImageRWDemo ∥hist_gray. jpg";

char * outputImgPath_red = " D:∥数字图像处理∥4.3 图像直方图∥Trent_ImageRWDemo ∥Trent_ImageRWDemo ∥hist_red. jpg";

char * outputImgPath_green = " D:∥数字图像处理∥4.3 图像直方图∥Trent_ImageRWDemo ∥Trent_ImageRWDemo ∥hist_green. jpg";

char * outputImgPath_blue = " D:∥数字图像处理∥4.3 图像直方图∥Trent_ImageRWDemo ∥Trent_ImageRWDemo ∥hist_blue. jpg";

∥定义图像宽高信息

int width = 0, height = 0, component = 0, stride = 0;

∥图像读取(得到 32 位 bgra 格式图像数据)

unsigned char * bgraData = Trent_ImgBase_ImageLoad(inputImgPath,&width,&height,&component);

stride = width * 4;

∥其他图像处理操作

∥∥∥∥∥∥∥∥∥∥∥∥∥IMAGE PROCESS ∥∥∥∥∥∥∥∥∥∥∥∥∥

∥计算各个通道直方图

int hWidth = 256;

int hHeight = 100;

int hStride = 256 * 4;

∥灰度直方图

int mode = CHANNEL_GRAY;

unsigned char * histData = NULL;

∥灰度直方图

histData = f_Histagram(bgraData,width,height,stride,mode);

int ret = Trent_ImgBase_ImageSave(outputImgPath_gray,hWidth,hHeight,histData,JPG);

∥红色通道直方图

mode = CHANNEL_RED;

histData = f_Histagram(bgraData,width,height,stride,mode);

ret = Trent_ImgBase_ImageSave(outputImgPath_red,hWidth,hHeight,histData,JPG);

∥绿色通道直方图

mode = CHANNEL_GREEN;

histData = f_Histagram(bgraData,width,height,stride,mode);

ret = Trent_ImgBase_ImageSave(outputImgPath_green,hWidth,hHeight,histData,JPG);

∥蓝色通道直方图

mode = CHANNEL_BLUE;

histData = f_Histagram(bgraData,width,height,stride,mode);

```
ret = Trent_ImgBase_ImageSave(outputImgPath_blue,hWidth,hHeight,histData,JPG);
//////////////////////////////////////////////////
free(bgraData);
free(histData);
return 0;
}
```

整体上，上述代码仅仅使用了最基本的 C 语言知识，不依赖任何第三方库，更加方便初学者理解和学习。

测试效果图如图 4 - 16 所示，左边为原图 32 位 bgra 图像，右边从上到下依次位灰度直方图，红色通道直方图，绿色通道直方图和蓝色通道直方图。

图 4 - 16　图像直方图示例

直方图在图像处理中具有很重要的作用，在图像分类、分割等多方面应用广泛，本节只是做了最简单的介绍，为初学者必修内容，对于直方图扩展部分，可以了解直方图匹配、直方图均衡化以及基于直方图的各种图像增强等部分内容。

可以通过直方图来判断一张图像是否偏暗、偏亮或者光线正常。如图 4 - 17 所示，将直方图按照灰度级进行区域划分，分为阴影 - 暗部、中间调和高光 - 亮部三个区域，哪个区域的像素统计数量较多，也就是图中黑色面积较多，那么，图像就偏向哪个区域。

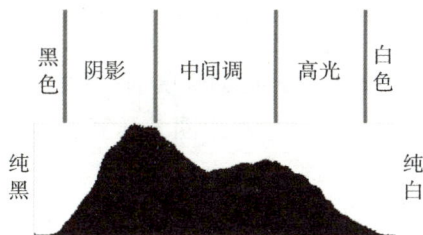

图 4 - 17　直方图判断示意图

以图 4 - 18 为例，图（a）阴影区域过大，图像整体就偏暗；图（c）高光区域偏大，那么图像就偏亮或者过曝。通过这些判断，就可以对不同的图做出不同的亮度对比度调节，来修正图像，还原完美的照片！

(a)　　　　　　　(b)　　　　　　　(c)

图 4 – 18　直方图判断举例图

第四节　直方图拉伸

一、定义与算法

直方图拉伸也叫做灰度拉伸或者对比度拉伸，就是将一幅图像的直方图填满整个灰度等级范围，即 0 ~ 255 之间。如图 4 – 19 所示，左边为原图的灰度直方图，可以看到，像素大多数集中在 0 ~ 128 范围内，根据上一小节我们所学的知识，这张图应该表现为颜色比较暗的效果。直方图拉伸之后，效果如右边图（b）所示，像素分布填充到了 0 ~ 255 之间的灰度级，根据上一小节内容，这张图进行直方图拉伸后，明显变亮了。

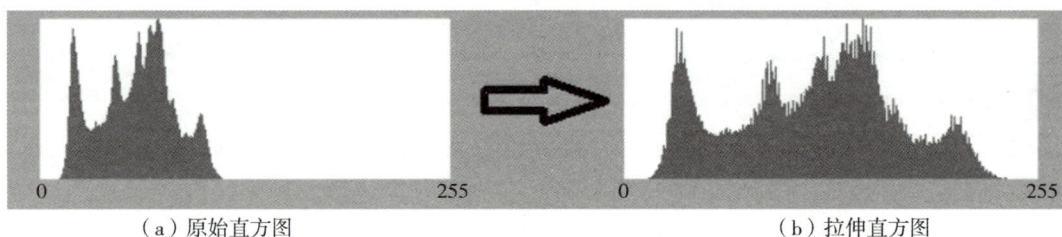

（a）原始直方图　　　　　　　　　　　　（b）拉伸直方图

图 4 – 19　直方图拉伸示意图

如何进行直方图拉伸呢？以一个颜色通道，比如灰度通道为例，直方图拉伸的算法如下。

（1）假设原图 S 内任意一点像素 P（i，j），对原图 S 计算灰度通道中的最小灰度级 mingray 和最大灰度级 maxgray，公式如下：

$$mingray = min(P(i,j))$$
$$maxgray = max(P(i,j))$$

（2）假设，直方图拉伸后的结果像素值为 D（i，j），则公式如下：

$$D(i,j) = 255 \times [P(i,j) - mingray]/(maxgray - mingray)$$

直方图拉伸是一种直方图修正方法，它可以将图像的直方图转换为均匀分布的形式，以增加图像整体的对比度，因此，也常用于图像增强。

以图 4 – 20 为例，左图（a）为原图，对比度较低，整体呈现雾蒙蒙的感觉，右图（b）为直方图均拉伸后的结果图，图像清晰，蒙尘感消失，同时，给出了原图和结果图对应的灰度通道和 RGB 三通道的直方图变化。通过对比可以发现，直方图从一个集中的分布向两边扩展，最终扩展到 0 ~ 255 范围内，这就是直方图拉伸。

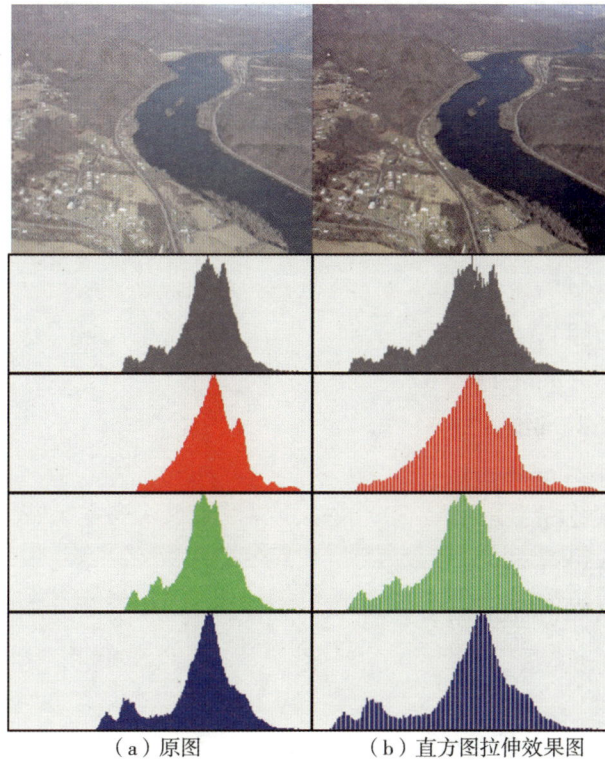

（a）原图　　　　　　（b）直方图拉伸效果图

图 4 - 20　图像直方图拉伸示意图

二、绘制与代码

下面根据算法步骤，定义接口 f_GrayStretch，代码如下：

```
#include" f_GrayStretch. h"

/ ****************************************************
 * Function： f_GrayStretch
 * Description：Gray stretch
 * Params：
 *          srcData – image data with bgra32 format.
 *          width – image width.
 *          height – image height.
 *          stride – image stride,default is width * 4.
 * Return： 0 – OK,other failed.
**************************************************** /
int f_GrayStretch( unsigned char * srcData,int width,int height,int stride)
{
    int ret = 0;
    int minr = 256,ming = 256,minb = 256,maxr = 0,maxg = 0,maxb = 0;
```

```
unsigned char * pSrc = srcData;
//计算像素 RGB 的最大值 max 和最小值 min，即最大最小灰度级
for( int j = 0; j < height; j++ )
{
        for( int i = 0; i < width; i++ )
        {
                int b = pSrc[0];
                int g = pSrc[1];
                int r = pSrc[2];
                minr = MIN2( minr, r);
                ming = MIN2( ming, g);
                minb = MIN2( minb, b);
                maxr = MAX2( maxr, r);
                maxg = MAX2( maxg, g);
                maxb = MAX2( maxb, b);
                pSrc + = 4;
        }
}
//灰度级拉伸
pSrc = srcData;
for( int j = 0; j < height; j++ )
{
        for( int i = 0; i < width; i++ )
        {
                int b = pSrc[0];
                int g = pSrc[1];
                int r = pSrc[2];
                //灰度级拉伸公式
                pSrc[0] = ( b - minb) * 255/( maxb - minb);
                pSrc[1] = ( g - ming) * 255/( maxg - ming);
                pSrc[2] = ( r - minr) * 255/( maxr - minr);
                pSrc + = 4;
        }
}
        return ret;
};
```

接口的完整调用代码如下：

```
#include" stdafx. h"
#include" imgRW\f_SF_ImgBase_RW. h"
#include" f_Histagram. h"
#include" f_GrayStretch. h"
#include" f_HistogramEqualization. h"

int_tmain( int argc ,_TCHAR * argv[ ])
{
    //定义输入图像路径
    char * inputImgPath = "D://数字图像处理//4.4 直方图拉伸//Trent_ImageRWDemo //Trent_Image-
eRWDemo //x. png" ;
    //定义输出图像路径
    char * outputImgPath = "D://数字图像处理//4.4 直方图拉伸//Trent_ImageRWDemo //Trent_Image-
eRWDemo //Test_graystretch. jpg" ;
    char * outputImgPath_gray = "D://数字图像处理//4.4 直方图拉伸//Trent_ImageRWDemo //Trent_
ImageRWDemo //hist_gray_eq. jpg" ;
    char * outputImgPath_red = "D://数字图像处理//4.4 直方图拉伸//Trent_ImageRWDemo //Trent_
ImageRWDemo //hist_red_eq. jpg" ;
    char * outputImgPath_green = "D://数字图像处理//4.4 直方图拉伸//Trent_ImageRWDemo //Trent
_ImageRWDemoo //hist_green_eq. jpg" ;
    char * outputImgPath_blue = "D://数字图像处理//4.4 直方图拉伸//Trent_ImageRWDemo //Trent_
ImageRWDemo //hist_blue_eq. jpg" ;
    //定义图像宽高信息
    int width =0, height =0, component =0, stride =0;
    //图像读取（得到 32 位 bgra 格式图像数据）
    unsigned char * bgraData = Trent_ImgBase_ImageLoad( inputImgPath ,&width ,&height ,&component) ;
    stride = width *4;
    int ret =0;
    //其他图像处理操作
    //IMAGE PROCESS/
    ///灰度级拉伸
    ret = f_GrayStretch( bgraData ,width ,height ,stride) ;
    ret = Trent_ImgBase_ImageSave( outputImgPath ,width ,height ,bgraData ,JPG) ;
    //计算各个通道直方图
    int hWidth =256;
    int hHeight =100;
    int hStride =256 *4;
    //灰度直方图
```

```
int mode = CHANNEL_GRAY;
unsigned char * histData = NULL;
//灰度直方图
histData = f_Histagram(bgraData, width, height, stride, mode);
ret = Trent_ImgBase_ImageSave(outputImgPath_gray, hWidth, hHeight, histData, JPG);
//红色通道直方图
mode = CHANNEL_RED;
histData = f_Histagram(bgraData, width, height, stride, mode);
ret = Trent_ImgBase_ImageSave(outputImgPath_red, hWidth, hHeight, histData, JPG);
//绿色通道直方图
mode = CHANNEL_GREEN;
histData = f_Histagram(bgraData, width, height, stride, mode);
ret = Trent_ImgBase_ImageSave(outputImgPath_green, hWidth, hHeight, histData, JPG);
//蓝色通道直方图
mode = CHANNEL_BLUE;
histData = f_Histagram(bgraData, width, height, stride, mode);
ret = Trent_ImgBase_ImageSave(outputImgPath_blue, hWidth, hHeight, histData, JPG);
free(bgraData);
free(histData);
return 0;
}
```

第五节　直方图均衡化

一、定义与算法

直方图均衡化是数字图像处理领域中的一种利用图像直方图调整图像对比度的方法。

直方图均衡化的算法如下。

（1）假设原图 S 内任意一点像素 $P(i, j)$，对原图 S 计算各个通道直方图，这里我们依旧以单通道灰度图为例，则计算 S 的灰度直方图 Hist 公式如下：

$$Hist(i) = Count(i), i \in 0, 1, 2, \cdots, 255$$

其中，i 表示像素的灰度级，$Count$ 表示图像 S 内像素灰度级为 i 的像素个数。

这里没有使用归一化的直方图，如果是归一化的直方图，那么公式如下，表示灰度级 i 在图像 S 内出现的概率密度函数：

$$Hist(i) = Count(i) / (W \times H), i \in 0, 1, 2, \cdots, 255$$

（2）计算归一化的灰度直方图 $Hist$ 的累积直方图 $HistP$，公式如下：

$$HistP(i) = \begin{cases} Hist(i), & i = 0 \\ HistP(i-1) + Hist(i), & i \neq 0 \end{cases}$$

（3）计算直方图映射表，根据累积直方图将图像 S 内的任意像素灰度级 i 进行重新映射，得到结果像素 D（i）。公式如下：

$$HistMap（i）= HistP（i）\times 255$$
$$D（i）= HistMap（i）$$

直方图均衡化效果举例如图 4 - 21 所示。

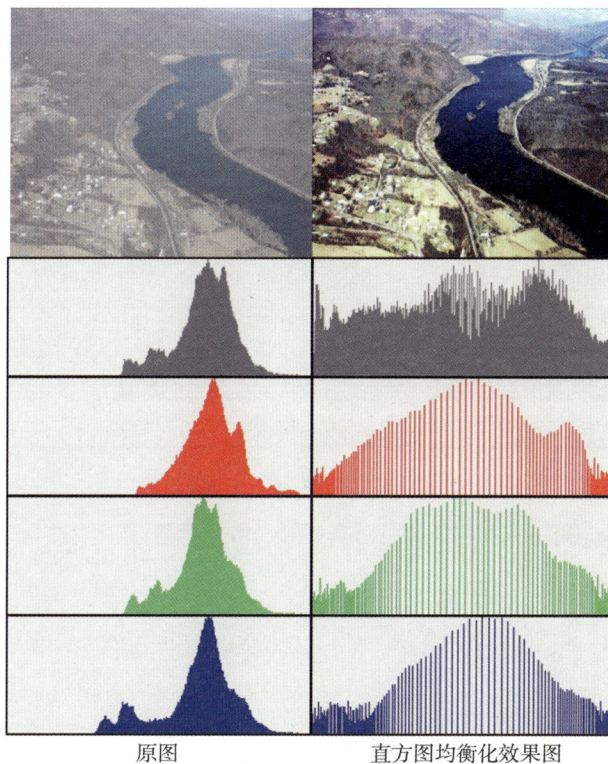

原图　　　　　　直方图均衡化效果图

图 4 - 21　图像直方图均衡化效果图

二、绘制与代码

下面根据算法步骤，定义接口 f_HistogramEqualization，代码如下：

```
#include"f_HistogramEqualization. h"
/ *******************************************************
* Function： f_HistogramEqualization
* Description：Histogram Equalization
* Params：
*         srcData - image data with bgra32 format.
*         width - image width.
*         height - image height.
*         stride - image stride,default is width * 4.
* Return： 0 - OK,otherfailed.
******************************************************* /
int f_HistogramEqualization( unsigned char * srcData,int width,int height,int stride)
{
```

```c
int ret = 0;
//定义三通道直方图数组
int histR[256] = {0}, histB[256] = {0}, histG[256] = {0};
//定义三通道累计直方图数组
long long histPR[256] = {0}, histPB[256] = {0}, histPG[256] = {0};
//定义三通道直方图映射数组
int histMapR[256], histMapG[256], histMapB[256];
int length = width * height;
unsigned char * pSrc = srcData;
//计算 RGB 三通道直方图
for(int j = 0; j < height; j++)
{
    for(int i = 0; i < width; i++)
    {
        histR[pSrc[2]]++;
        histG[pSrc[1]]++;
        histB[pSrc[0]]++;
        pSrc += 4;
    }
}
//计算 RGB 三通道的累积直方图
for(int i = 0; i < 256; i++)
{
    if(i != 0)
    {
        //调用累积直方图公式
        histPR[i] = histPR[i - 1] + histR[i];
        histPG[i] = histPG[i - 1] + histG[i];
        histPB[i] = histPB[i - 1] + histB[i];
    }
    else
    {
        histPR[i] = histR[i];
        histPG[i] = histG[i];
        histPB[i] = histB[i];
    }
    //计算直方图映射表
    histMapB[i] = histPB[i] * 255 / length;
    histMapG[i] = histPG[i] * 255 / length;
```

```
            histMapR[i] = histPR[i] * 255/length;
        }
    pSrc = srcData;
    //重新映射像素值
    for( int j = 0; j < height; j++ )
    {
        for( int i = 0; i < width; i++ )
        {
            pSrc[0] = histMapB[ pSrc[0] ];
            pSrc[1] = histMapG[ pSrc[1] ];
            pSrc[2] = histMapR[ pSrc[2] ];
            pSrc + = 4;
        }
    }
    return ret;
};
```

接口的完整调用代码如下：

```
#include" stdafx. h"
#include" imgRW\f_SF_ImgBase_RW. h"
#include" f_Histagram. h"
#include" f_GrayStretch. h"
#include" f_HistogramEqualization. h"

int_tmain( int argc,_TCHAR * argv[] )
{
    //定义输入图像路径
    char * inputImgPath = " D:∥数字图像处理∥4.5 直方图均衡化∥Trent_ImageRWDemo ∥Trent_Im-
ageRWDemo ∥x. png" ;
    //定义输出图像路径
    char * outputImgPath = " D:∥数字图像处理∥4.5 直方图均衡化∥Trent_ImageRWDemo ∥Trent_Im-
ageRWDemo ∥Test_hisequalize. jpg" ;
    char * outputImgPath_gray = " D:∥数字图像处理∥4.5 直方图均衡化∥Trent_ImageRWDemo ∥
Trent_ImageRWDemo ∥hist_gray_eq. jpg" ;
    char * outputImgPath_red = " D:∥数字图像处理∥4.5 直方图均衡化∥Trent_ImageRWDemo ∥Trent
_ImageRWDemo ∥hist_red_eq. jpg" ;
    char * outputImgPath_green = " D:∥数字图像处理∥4.5 直方图均衡化∥Trent_ImageRWDemo ∥
Trent_ImageRWDemo ∥hist_green_eq. jpg" ;
    char * outputImgPath_blue = " D:∥数字图像处理∥4.5 直方图均衡化∥Trent_ImageRWDemo ∥
```

```
Trent_ImageRWDemo //hist_blue_eq. jpg";
        //定义图像宽高信息
        int width = 0, height = 0, component = 0, stride = 0;
        //图像读取(得到 32 位 bgra 格式图像数据)
        unsigned char * bgraData = Trent_ImgBase_ImageLoad(inputImgPath, &width, &height, &component);
        stride = width * 4;
        int ret = 0;
        //其他图像处理操作
        //IMAGE PROCESS/
        //直方图均衡化
        ret = f_HistogramEqualization(bgraData, width, height, stride);
        Trent_ImgBase_ImageSave(outputImgPath, width, height, bgraData, JPG);
        //计算各个通道直方图
        int hWidth = 256;
        int hHeight = 100;
        int hStride = 256 * 4;
        //灰度直方图
        int mode = CHANNEL_GRAY;
        unsigned char * histData = NULL;
        //灰度直方图
        histData = f_Histagram(bgraData, width, height, stride, mode);
        ret = Trent_ImgBase_ImageSave(outputImgPath_gray, hWidth, hHeight, histData, JPG);
        //红色通道直方图
        mode = CHANNEL_RED;
        histData = f_Histagram(bgraData, width, height, stride, mode);
        ret = Trent_ImgBase_ImageSave(outputImgPath_red, hWidth, hHeight, histData, JPG);
        //绿色通道直方图
        mode = CHANNEL_GREEN;
        histData = f_Histagram(bgraData, width, height, stride, mode);
        ret = Trent_ImgBase_ImageSave(outputImgPath_green, hWidth, hHeight, histData, JPG);
        //蓝色通道直方图
        mode = CHANNEL_BLUE;
        histData = f_Histagram(bgraData, width, height, stride, mode);
        ret = Trent_ImgBase_ImageSave(outputImgPath_blue, hWidth, hHeight, histData, JPG);
        free(bgraData);
        free(histData);
        return 0;
    }
```

直方图拉伸和均衡化都是图像直方图很基本的应用，在传统的图像增强领域，有很多增强算法都是以直方图信息为基础或者依据，通过修正直方图，来达到增强图像的目的。

第六节 图像基本变换之平移、缩放、旋转

图像几何变换又叫做图像基本变换，主要包括图像平移、图像缩放和图像旋转几个部分，当然还有图像镜像等简单的内容。图像基本变换是图像处理的基本内容，是学习以后复杂的仿射变换、透视变换以及更高级的 MLS 网格变形等内容的基础，意义重大。本节将从平移、缩放和旋转三个方面来讲解如何单纯使用 C 语言来轻松实现这三个算法。

一、图像平移变换

1. 定义与算法 图像平移变换可以表示为水平方向和垂直方向的位移，如果把图像坐标系的原点 $(0，0)$ 平移到 $(x_0，y_0)$，则图像内任意一点 $(x，y)$ 平移后坐标 $(x'，y')$ 用公式表示如下：

$$x' = x + x_0$$
$$y' = y + y_0$$

对测试图进行水平和垂直正方向平移 100 像素，效果图如图 4-22 所示。

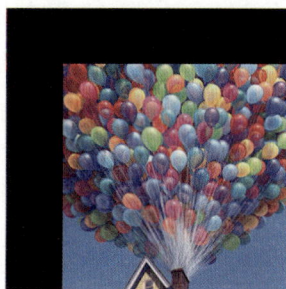

（a）原图　　　　　　　　　　　　　　　　（b）平移效果图

图 4-22 图像平移变换效果图

2. 绘制与代码 定义 f_Transform. h 文件，在文件中定义如下接口：

```
/ *************************************************
* Function：图像平移变换
* Params：
*           srcData：32bgra 图像数据
*           width：图像宽度
*           height：图像高度
*           stride：图像幅度,对于 32bgra 格式而言, stride = width * 4
*           xoffset：水平方向平移量
*           yoffset：垂直方向平移量
* Return： 平移图像 bgra 数据指针
************************************************* /
unsigned char * f_XYOffset( unsigned char * srcData, int width, int height, int stride, int xoffset, int yofffset);
```

在这个接口中，定义了两个参数 xoffset 和 yoffset 分别用来表示水平和垂直的偏移向量，注意，如果 xoffset 和 yoffset 都为正数，则表示的是向水平和垂直的正方向偏移了 xoffset 和 yoffset 个像素距离，表现在结果图中，即图像向右偏移，反之，图像向左边偏移。

完整接口代码如下：

```c
/ **************************************************
* Function:图像平移变换
* Params：
*            srcData:32bgra 图像数据
*            width:图像宽度
*            height:图像高度
*            stride:图像幅度,对于32bgra 格式而言,stride = width * 4
*            xoffset:水平方向平移量
*            yoffset:垂直方向平移量
* Return： 平移图像 bgra 数据指针
************************************************** /
unsigned char * f_XYOffset( unsigned char * srcData,int width,int height,int stride,int xoffset,int yoffset)
{
    unsigned char * tempData = ( unsigned char * )malloc( sizeof( unsigned char) * height * stride);
    memcpy( tempData,srcData,sizeof( unsigned char) * height * stride);
    unsigned char * pDes = tempData;
    for( int j = 0;j < height;j++ )
    {
        for( int i = 0;i < width;i++ )
        {
            int cx = i - xoffset;
            int cy = j - yoffset;
            if( cx > = 0 && cx < width && cy > = 0 && cy < height)
            {
                int pos = cx * 4 + cy * stride;
                pDes[0] = srcData[pos];
                pDes[1] = srcData[pos + 1];
                pDes[2] = srcData[pos + 2];
            }
            else
            {
                pDes[0] = 0;
                pDes[1] = 0;
                pDes[2] = 0;
            }
```

```
            pDes + = 4;
        }
    }
    return tempData;
};
```

下面写个测试代码:

```
#include"stdafx.h"
#include"imgRW\f_SF_ImgBase_RW.h"
#include"f_Transform.h"

int_tmain(int argc,_TCHAR * argv[])
{
    //定义输入图像路径
    char * inputImgPath = "Test.png";
    //定义输出图像路径
    char * outputImgPath = "res_offset.jpg";
    //定义图像宽高信息
    int width = 0,height = 0,component = 0,stride = 0;
    //图像读取(得到 32 位 bgra 格式图像数据)
    unsigned char * bgraData = Trent_ImgBase_ImageLoad(inputImgPath,&width,&height,&component);
    stride = width * 4;
    int ret = 0;
    //其他图像处理操作(这里以 32 位彩色图像灰度化为例)
    //IMAGE PROCESS/
    //图像平移
    int xoffset = - 100;//图像向左平移
    int yoffset = - 100;//图像向上平移
    //调用图像平移变换接口
    unsigned char * pResOffset = f_XYOffset(bgraData,width,height,stride,xoffset,yoffset);
    ret = Trent_ImgBase_ImageSave(outputImgPath,width,height,pResOffset,JPG);
    printf("f_XYOffset is finished!");
    free(bgraData);
}

    return 0;
}
```

程序运行后平移效果如图 4 - 23 所示。

图 4 - 23　图像平移变换效果图

程序中的 memcpy 指的是 C 和 C++ 使用的内存拷贝函数，函数的功能是从源内存地址的起始位置开始拷贝若干个字节到目标内存地址中。

函数原型：void * memcpy(void * destin, void * source, unsigned n)

参数：destin 指向用于存储复制内容的目标数组，类型强制转换为 void * 指针；source 指向要复制的数据源，类型强制转换为 void * 指针；n 表示要被复制的字节数。

返回值：该函数返回一个指向目标存储区 destin 的指针。

功能：从源 source 所指的内存地址的起始位置开始拷贝 n 个字节到目标 destin 所指的内存地址的起始位置中。

所需头文件：

　　　C 语言：#include < string. h >

　　　C++：#include < cstring >

二、图像缩放变换

1. 定义与算法　图像缩放即图像缩小与放大，是图像处理中最常用的操作，可以说图像处理离不开图像缩放，好的图像缩放算法可以高清还原图像信息，对于各种复杂的图像应用而言意义重大。

假设图像中任意一点 (x, y)，按照水平方向缩放比例 a 和垂直方向缩放比例 b 进行缩放，则缩放后点坐标 (x', y') 的计算如下：

$$x' = ax$$
$$y' = by$$

当 a 和 b 小于 1 时表现为缩小，大于 1 时表现为图像放大，等于 1 时不缩放；既然有了放大与缩小，就存在图像信息的删除与填充，如何进行精确计算缩放后的坐标位置？这里引入一个必须要讲解的内容——图像插值算法。

图像插值算法有很多，从最邻近插值到二次插值、三次插值、卷积插值等以及超分辨率算法等高级插值。这里，介绍两种最常用也是最基础的插值算法：最邻近插值和双线性插值。

最邻近插值顾名思义就是用距离它最近的点来代替它。如图 4 - 24 所示，有 A 和 B 两个像素点，A 的值为 100，B 的值为 20，要计算 AB 之间的 C 点像素值，其中，C 点距离 A 的距离为 0.4，距离 B 的距离为 0.6，那么，C 点距离 A 点像素最近，则 C = 100，这就是最邻近插值。

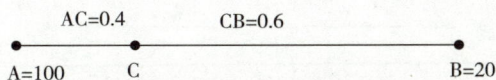

图 4-24 最邻近插值示意图

最邻近插值的原理就是选取距离插入的像素点 $(x+u, y+v)$ （注：x、y 为整数，u、v 为小数）最近的一个像素点，用它的像素点的灰度值代替插入的像素点。最邻近插值只需要对浮点坐标"四舍五入"运算。但是在四舍五入的时候有可能使得到的结果超过原图像的边界（只会比边界大 1），所以要进行修正。

最邻近插值计算量最小，但效果较差，往往会出现锯齿问题，即缩放后的图像边缘会出现锯齿毛刺，如图 4-25 所示，左边为原图，右边为最邻近插值放大两倍的结果，可以看到字母的边缘出现了锯齿状，非常不平滑。

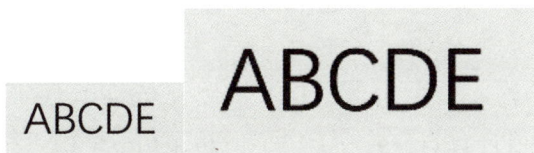

图 4-25 最邻近插值示意图——锯齿

双线性插值的精度要比最邻近插值好很多，相对的其计算量也要大得多。双线性插值也称为一阶插值，如果要从数学上讲明白，那要从拉格朗日插值多项式说起。

对于给定的 $n+1$ 个结点，x_0，x_1，$\cdots$，x_n，如果能够找到 $n+1$ 个多项式 $l_0(x)$，$l_1(x)$，$l_2(x)$，$\cdots l_n(x)$，满足如下条件：

$$l_i(x_j) = \delta_{ij}$$

$$\delta = \begin{cases} 0, i \neq j \\ 1, i = j \end{cases}$$

那么，拉格朗日插值多项式 $P(x)$ 表示如下：

$$P_n(x) = \sum_{k=0}^{n} l_k(x) y_k$$

$$l_k(x) = \frac{(x-x_0)(x-x_1)\cdots(x-x_{k-1})(x-x_{k+1})\cdots(x-x_n)}{(x_k-x_0)(x_k-x_1)\cdots(x_k-x_{k-1})(x_k-x_{k+1})\cdots(x_k-x_n)}$$

其中，$l(x)$ 被称作插值基函数。

双线性插值的主要思想是计算出浮点坐标像素近似值。那么要如何计算浮点坐标的近似值呢？一个浮点坐标必定会被四个整数坐标所包围，将这个四个整数坐标的像素值按照一定的比例混合就可以求出浮点坐标的像素值。混合比例为距离浮点坐标的距离。双线性插值使用浮点坐标周围四个像素的值按照一定的比例混合近似得到浮点坐标的像素值。

对于双线性插值，假设要计算的插值点 (x, y) 的值为 $f(x, y)$，在它的附近有 $f(i, j)$，$f(i+1, j)$，$f(i, j+1)$ 和 $f(i+1, j+1)$ 四个点，如图 4-26 所示，$f(x, y)$ 的计算方法如下：

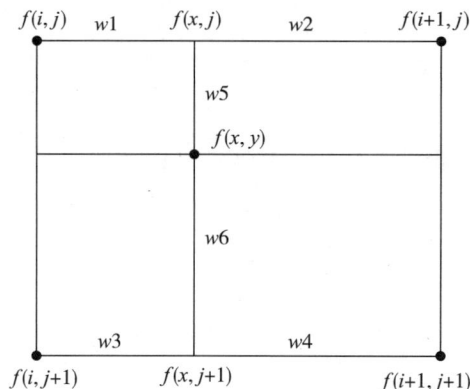

图 4 - 26　双线性二次插值示意图

（1）使用一阶拉格朗日插值计算点（i，j）和（$i+1$，j）之间的点（x，j）处的插值 f（x，j）：

$$w1 = x - i$$
$$w2 = i + 1 - x$$
$$f(x,j) = w1 \times f(i,j) + w2 \times f(i+1,j)$$

（2）使用一阶拉格朗日插值计算点（i，$j+1$）和（$i+1$，$j+1$）之间的点（x，$j+1$）处的插值 f（x，$j+1$）：

$$w3 = x - i$$
$$w4 = i + 1 - x$$
$$f(x,j+1) = w3 \times f(i,j+1) + w4 \times f(i+1,j+1)$$

（3）使用一阶拉格朗日插值计算（x，j）和（x，$j+1$）之间点（x，y）处的插值 f（x，y）：

$$w5 = y - j$$
$$w6 = j + 1 - y$$
$$f(x,y) = w5 \times f(x,j) + w6 \times f(x,j+1)$$

$$= w1 \times w5 \times f(i,j) + w5 \times w2 \times f(i+1,j) + w3 \times w6 \times f(i,j+1) + w4 \times w6 \times f(i+1,j+1)$$

令 $w1 = w3 = p, w5 = q$，则：

$$f(x,y) = pqf(i,j) + (1-p)qf(i+1,j) + p(1-q)f(i,j+1) + (1-p)(1-q)f(i+1,j+1)$$

这个公式就是双线性插值公式。用这个公式，对比最邻近插值效果，如图 4 - 27 所示。

最邻近插值　　　　　　　　　双线性插值

图 4 - 27　双线性插值与最邻近插值对比

2. 绘制与代码　有了上述算法的解析，下面通过代码来实现，首先定义接口如下：

```
/ ************************************************

* Function：图像缩放变换

* Params：

*          srcData：32bgra 图像数据

*          width：图像宽度
```

```
*            height:图像高度
*            stride:图像幅度,对于32bgra格式而言,stride = width * 4
*            scaleX:水平方向缩放比例,[0,]
*            scaleY:垂直方向缩放比例,[0,]
*            outW:缩放结果图宽度
*            outH:缩放结果图高度
*            outStride:缩放结果图Stride
*            interpolation:插值方式,0 - 最邻近插值,1 - 双线性插值
* Return: 缩放图像bgra数据指针
*********************************************** /
unsigned char * f_Zoom( unsigned char * srcData, int width, int height, int stride, float scaleX, float scaleY,
int * outW, int * outH, int * outStride, int interpolation);
```

定义了 f_Zoom 的接口,这个接口中,由于缩放会改变图像大小,因此,返回一个缩放后的图像数据指针,同时,返回缩放后的图像宽高信息 outW、outH 和 outStride;由于缩放包含水平和垂直方向的缩放因子,所以,添加水平缩放参数 scaleX 和垂直缩放参数 scaleY,当 scaleX 小于1时表示水平缩小,等于1表示水平不缩放,大于1表示水平放大,垂直方向亦如此;最后,由于可以使用最邻近插值和双线性插值两种方式进行缩放,因此,添加了 interpolation 插值参数。

有了接口,给出完整的接口实现代码如下:

```
/ ***********************************************
* Function:图像缩放变换
* Params:
*            srcData:32bgra图像数据
*            width:图像宽度
*            height:图像高度
*            stride:图像幅度,对于32bgra格式而言,stride = width * 4
*            scaleX:水平方向缩放比例,[0,]
*            scaleY:垂直方向缩放比例,[0,]
*            outW:缩放结果图宽度
*            outH:缩放结果图高度
*            outStride:缩放结果图Stride
*            interpolation:插值方式,0 - 最邻近插值,1 - 双线性插值
* Return: 缩放图像bgra数据指针
*********************************************** /
unsigned char * f_Zoom( unsigned char * srcData, int width, int height, int stride, float scaleX, float scaleY,
int * outW, int * outH, int * outStride, int interpolation)
{
    int w = width * scaleX;
```

```
int h = height * scaleY;
int s = w * 4;
unsigned char * tempData = ( unsigned char * ) malloc( sizeof( unsigned char ) * s * h );
memset( tempData, 255, sizeof( unsigned char) * s * h );
unsigned char * pTemp = tempData;
//最邻近插值
if( interpolation == 0 )
{
    for( int j = 0; j < h; j++ )
    {
        for( int i = 0; i < w; i++ )
        {
            int cx = CLIP3( i * width/w, 0, width - 1 );
            int cy = CLIP3( j * height/h, 0, height - 1 );
            int pos = cx * 4 + cy * stride;
            pTemp[ 0 ] = srcData[ pos ];
            pTemp[ 1 ] = srcData[ pos + 1 ];
            pTemp[ 2 ] = srcData[ pos + 2 ];
            pTemp[ 3 ] = srcData[ pos + 3 ];
            pTemp + = 4;
        }
    }
}
else //双线性插值
{
    for( int j = 0; j < h; j++ )
    {
        for( int i = 0; i < w; i++ )
        {
            float cx = CLIP3( ( float)i * width/w, 1, width - 2 );
            float cy = CLIP3( ( float)j * height/h, 1, height - 2 );
            int tx = ( int)cx;
            int ty = ( int)cy;
            float p = abs( cx - tx );
            float q = abs( cy - ty );
            int pos = tx * 4 + ty * stride;
            int p1 = pos;
            int p2 = pos + stride;
            int p3 = pos + 4;
            int p4 = pos + 4 + stride;
```

```
                 float a = ( 1. 0f - p ) * ( 1. 0f - q ) ;
                 float b = ( 1. 0f - p ) * q ;
                 float c = p * ( 1. 0f - q ) ;
                 float d = p * q ;
                 pTemp[ 0 ] = CLIP3 ( ( a * srcData[ p1 + 0 ] + b * srcData[ p2 + 0 ] + c * srcData[ p3 +
0 ] + d * srcData[ p4 + 0 ] ) , 0 , 255 ) ;
                 pTemp[ 1 ] = CLIP3 ( ( a * srcData[ p1 + 1 ] + b * srcData[ p2 + 1 ] + c * srcData[ p3 +
1 ] + d * srcData[ p4 + 1 ] ) , 0 , 255 ) ;
                 pTemp[ 2 ] = CLIP3 ( ( a * srcData[ p1 + 2 ] + b * srcData[ p2 + 2 ] + c * srcData[ p3 +
2 ] + d * srcData[ p4 + 2 ] ) , 0 , 255 ) ;
                 pTemp[ 3 ] = CLIP3 ( ( a * srcData[ p1 + 3 ] + b * srcData[ p2 + 3 ] + c * srcData[ p3 +
3 ] + d * srcData[ p4 + 3 ] ) , 0 , 255 ) ;
                 pTemp + = 4 ;
            }
        }
    }
    * outW = w ;
    * outH = h ;
    * outStride = s ;
    return tempData ;
} ;
```

最后给出接口的调用代码：

```
#include" stdafx. h"
#include" imgRW\f_SF_ImgBase_RW. h"
#include" f_Transform. h"

int_tmain( int argc ,_TCHAR * argv[ ] )
{
    //定义输入图像路径
    char * inputImgPath = " t150. png" ;
    //定义图像宽高信息
    int width = 0 , height = 0 , component = 0 , stride = 0 ;
    //图像读取( 得到 32 位 bgra 格式图像数据)
    unsigned char * bgraData = Trent_ImgBase_ImageLoad( inputImgPath , &width , &height , &component ) ;
    stride = width * 4 ;
    int ret = 0 ;
    //其他图像处理操作( 这里以 32 位彩色图像为例)
    //IMAGE PROCESS/
    //图像缩放
```

```
        int outW,outH,outS;
        float scaleX = 5;
        float scaleY = 5;
        int interpolation = INTERPOLATE_BILINEAR;//INTERPOLATE_NEAREST;
        char * outZoomImgPath = "res_zoom. png";
        unsigned char * pResZoom = f_Zoom(bgraData,width,height,stride,scaleX,scaleY,&outW,&outH,
&outS,interpolation);
        ret = Trent_ImgBase_ImageSave(outZoomImgPath,outW,outH,pResZoom,PNG);
        free(pResZoom);
        printf("f_zoom is finished!");
        free(bgraData);
        return 0;
    }
```

效果测试如图 4 - 28 所示。

| 原图 | 最邻近插值（scaleX = 2，scaleY = 1.5） | 双线性插值（scaleX = 2，scaleY = 1.5） |

图 4 - 28　图像缩放效果图

三、图像旋转变换

1. 定义与算法　图像旋转即将图像按照某个原点顺时针或者逆时针旋转某个角度。

如果平面上所有点 (x, y) 绕原点 O 旋转 θ 角度，旋转后的点为 (x', y')，则两者正向和逆向计算公式如下：

$$x' = x\cos\theta + y\sin\theta$$
$$y' = -x\sin\theta + y\cos\theta$$
$$x = x'\cos\theta - y'\sin\theta$$
$$y = x'\sin\theta + y'\cos\theta$$

下面公式的推导以正向变换为例，在极坐标系中，假设 (x, y) 到原点 O 距离为 r，注意，这里 O 点表示上文平移后的图像中心点，(x, y) 和原点的连线与 x 轴方向的夹角为 b，旋转角度为 a，旋转后坐标为 (x', y')，如下图 4 - 29 所示，则按照极坐标公式有：

$$x = r\cos b$$
$$y = r\sin b$$

$$x' = rcos(b - a) = rcosbcosa + rsinbsina = xcosa + ysina$$

$$y' = rsin(b - a) = rsinbcosa - rcosbsina = -xsina + ycosa$$

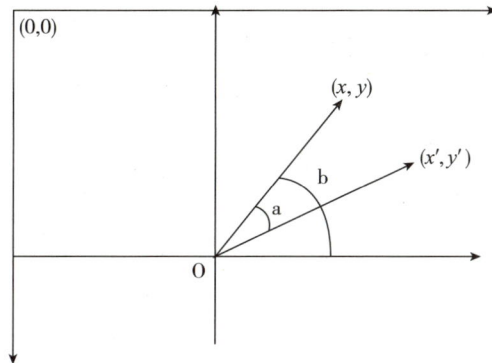

图 4 - 29 图像旋转示意图

在实际中，图像平面中的原点一般为左上角，也就是左上角为（0，0）点，垂直方向向下为正方向，与正常的笛卡尔坐标系不同。我们想要的往往是图像围绕图像中心点进行角度旋转，这个时候，需要把点（x，y）先转换为以图像中心为原点的坐标，也就是进行一定的坐标平移，然后再进行旋转变换。同时，为避免孔洞现象，一般在计算的过程中，是按照逆向变换，根据目标图像素位置（x'，y'）计算它在原图中的位置（x，y），一次完成旋转变换的。

假设旋转后图像的宽为 W'，高为 H'，点（x'，y'）映射到原图中的坐标为（x，y），则计算过程如下。

（1）按照平移逆变换将（x'，y'）进行平移：

$$x_t = x' - W'/2$$

$$y_t = -y' + H'/2$$

（2）按照旋转逆变换公式将（x，y）进行变换：

$$x = x_t cos\theta - y_t sin\theta = (x' - W'/2)cos\theta - (-y' + H'/2)sin\theta$$

$$y = x_t sin\theta + y_t cos\theta = (x' - W'/2)sin\theta + (-y' + H'/2)cos\theta$$

（3）将坐标原点由图像中心平移至左上角：

$$x = x + W/2$$

$$y = -y + H/2$$

（4）根据（x，y）位置选择插值算法插值得到最终旋转后的像素值。

上面的过程就是完整的图像旋转变换，下面动手实践一下。

2. 绘制与代码 首先定义一个图像旋转的接口，代码如下：

```
/ ****************************************************
* Function:图像旋转变换
* Params：
*          srcData:32bgra 图像数据
*          width:图像宽度
*          height:图像高度
*          stride:图像幅度,对于32bgra 格式而言,stride = width * 4
```

```
 *              angle:图像旋转角度
 *              outW:旋转结果图宽度
 *              outH:旋转结果图高度
 *              outStride:旋转结果图 Stride
 *              interpolation:插值方式,0 - 最邻近插值,1 - 双线性插值
 * Return:  旋转图像 bgra 数据指针
 ****************************************************** /
unsigned char * f_Rotate( unsigned char * srcData, int width, int height, int stride, int angle, int * outW, int
* outH, int * outStride, int interpolation) ;
```

图像旋转变换中,图像的大小发生了变化,因此这里的接口返回一个变换后的图像数据指针,与缩放接口类似,添加新图像宽高输出参数 outW、outH 和 outStride;由于旋转变换需要角度信息,因此这里添加了角度输入参数 angle,范围为 $0 \sim 360°$,同时,设置插值算法参数 interpolation。

按照前文的旋转变换算法公式,给出代码如下:

```
/ ******************************************************
 * Function:图像旋转变换
 * Params:
 *              srcData:32bgra 图像数据
 *              width:图像宽度
 *              height:图像高度
 *              stride:图像幅度,对于 32bgra 格式而言,stride = width * 4
 *              angle:图像旋转角度
 *              outW:旋转结果图宽度
 *              outH:旋转结果图高度
 *              outStride:旋转结果图 Stride
 *              interpolation:插值方式,0 - 最邻近插值,1 - 双线性插值
 * Return:  旋转图像 bgra 数据指针
 ****************************************************** /
unsigned char * f_Rotate( unsigned char * srcData, int width, int height, int stride, int angle, int * outW, int
* outH, int * outStride, int interpolation)
    {
        float degree = angle * PI/180. 0f;
        float cx = 0, cy = 0, Cos = 0, Sin = 0;
        Cos = cos( degree) ;
        Sin = sin( degree) ;
        //计算新图像的宽高
        int w = width * fabs( Cos) + height * fabs( Sin) ;
        int h = height * fabs( Cos) + width * fabs( Sin) ;
```

```
int s = w * 4;
* outW = w;
* outH = h;
* outStride = s;
```

//常量计算,用来优化速度

```
cx = - w/2. 0f * Cos - h/2. 0f * Sin + width/2. 0f;
cy = w/2. 0f * Sin - h/2. 0f * Cos + height/2. 0f;
unsigned char * tempData = ( unsigned char * ) malloc( sizeof( unsigned char ) * s * h );
memset( tempData,255, sizeof( unsigned char ) * s * h );
unsigned char * pTemp = tempData;
```

//最邻近插值

```
if( interpolation == 0 )
{
    for( int j = 0;j < h;j++ )
    {
        for( int i = 0;i < w;i++ )
        {
```

//这里实际上就是按照公式计算,进行了优化,把一些常量计算放到了外面的 cx 和 cy 中

```
            int tx = i * Cos + j * Sin + cx;
            int ty = j * Cos - i * Sin + cy;
            if( tx > =0 && tx < width && ty > =0 && ty < height)
            {
                int pos = tx * 4 + ty * stride;
                pTemp[0] = srcData[pos];
                pTemp[1] = srcData[pos + 1];
                pTemp[2] = srcData[pos + 2];
                pTemp[3] = srcData[pos + 3];
            }
            else
            {
                pTemp[0] = 0;
                pTemp[1] = 0;
                pTemp[2] = 0;
                pTemp[3] = 255;
            }
            pTemp + = 4;
        }
    }
}
```

```
        else //双线性插值
        {
            for( int j = 0;j < h;j++ )
            {
                for( int i = 0;i < w;i++ )
                {
                    //这里实际上就是按照公式计算,进行了优化,把一些常量计算放到了外面的 cx 和 cy 中
                    float mx = i * Cos + j * Sin + cx;
                    float my = j * Cos - i * Sin + cy;
                    if( mx > = 0 && mx < width && my > = 0 && my < height)
                    {
                        int tx = ( int) mx;
                        int ty = ( int) my;
                        float p = abs( mx - tx);
                        float q = abs( my - ty);
                        int pos = tx * 4 + ty * stride;
                        int p1 = pos;
                        int p2 = pos + stride;
                        int p3 = pos + 4;
                        int p4 = pos + 4 + stride;
                        float a = ( 1. 0f - p) * ( 1. 0f - q);
                        float b = ( 1. 0f - p) * q;
                        float c = p * ( 1. 0f - q);
                        float d = p * q;
                        pTemp[ 0] = CLIP3(( a * srcData[ p1 + 0] + b * srcData[ p2 + 0] + c * srcData[ p3 + 0] + d * srcData[ p4 + 0]),0,255);
                        pTemp[ 1] = CLIP3(( a * srcData[ p1 + 1] + b * srcData[ p2 + 1] + c * srcData[ p3 + 1] + d * srcData[ p4 + 1]),0,255);
                        pTemp[ 2] = CLIP3(( a * srcData[ p1 + 2] + b * srcData[ p2 + 2] + c * srcData[ p3 + 2] + d * srcData[ p4 + 2]),0,255);
                        pTemp[ 3] = CLIP3(( a * srcData[ p1 + 3] + b * srcData[ p2 + 3] + c * srcData[ p3 + 3] + d * srcData[ p4 + 3]),0,255);
                    }
                    else
                    {
                        pTemp[ 0] = 0;
                        pTemp[ 1] = 0;
                        pTemp[ 2] = 0;
                        pTemp[ 3] = 255;
                    }
```

```
                pTemp + = 4;
            }
        }
    }
    return tempData;
};
```

以上的代码可以看出，基本都是将插值的 interpolation 条件判断放到了循环外面，导致代码段较长，实际上这样做是为了优化速度，增强代码可读性。

对上面接口进行调用测试如下：

```
#include"stdafx. h"
#include"imgRW\f_SF_ImgBase_RW. h"
#include"f_Transform. h"

int_tmain( int argc,_TCHAR * argv[ ])
{
    //定义输入图像路径
    char * inputImgPath = "Test. png";
    //定义图像宽高信息
    int width = 0, height = 0, component = 0, stride = 0;
    //图像读取(得到 32 位 bgra 格式图像数据)
    unsigned char * bgraData = Trent_ImgBase_ImageLoad( inputImgPath,&width,&height,&component);
    stride = width * 4;
    int ret = 0;
    //其他图像处理操作(这里以 32 位彩色图像为例)
    //IMAGE PROCESS/
    //图像旋转
    int outW, outH, outS;
    int angle = 80;
    int interpolation = INTERPOLATE_NEAREST; // INTERPOLATE_BILINEAR; // INTERPOLATE_NEAREST;
    char * outRotateImgPath = "res_rotate_nearest. jpg";
    unsigned char * pResRotate = f_Rotate( bgraData, width, height, stride, angle, &outW, &outH, &outS, interpolation);
    ret = Trent_ImgBase_ImageSave( outRotateImgPath, outW, outH, pResRotate, JPG);
    free( pResRotate);
    printf( "f_Rotate is finished!");
    free( bgraData);
    return 0;
}
```

对应的测试效果如图 4 – 30 所示。

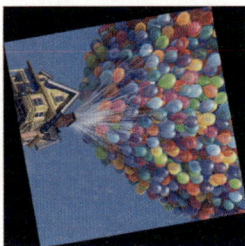

原图　　　　　　　　最邻近插值旋转 80°　　　　　双线性插值旋转 80°

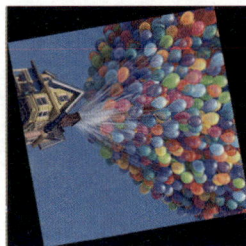

图 4 – 30　图像旋转变换测试图

第七节　图像亮度与对比度调节

图像亮度、对比度和饱和度是图像处理中的三个基本概念，本节将着重介绍亮度和对比度。

图象亮度是指画面的明亮程度，单位是堪德拉每平方米（cd/m^2）或称 nits，对于一副灰度图而言，灰度值越高，图像就越亮，反之，图像越暗。

如图 4 – 31 所示，图像亮度由左向右依次增加，图像视觉感受依次变亮。

图 4 – 31　图像亮度变换示意图

图像对比度是指一幅图像中明暗区域最亮的白和最暗的黑之间不同亮度层级的测量，即一幅图像灰度反差的大小或者图片上亮区域和暗区域的层次感。

如图 4 – 32 所示，图像的对比度由左向右依次增强，灰度级反差依次增强。

图 4 – 32　图像对比度变换示意图

1. 定义与算法　图像亮度与对比度调节算法有很多，本节从初学者的角度，来介绍两种较为简单、实用的算法。在介绍算法之前，首先假设输入图像像素为 $P(x)$，输出结果像素为 $D(x)$。

算法一：线性亮度对比度调节算法

公式如下：

$$D(x) = Min(Max(kP(x) + l, 0), 255)$$

其中，k 为大于 0 的数，用于调节对比度，当 $0 < k < 1$ 时对比度减小，当 $k = 1$ 时，保持原始对比度，当 $k > 1$ 时，对比度增强；l 用于调节图像亮度，范围为 $[-255, 255]$。

为了方便调节参数，将 k 和 l 进行了一定的限制和修正，公式如下：

$$D(x) = Min\left(Max\left(\frac{(contrast + 100)}{100}P(x) + bright, 0\right), 255\right)$$

$$contrast \in [-100, 100]$$

$$bright \in [-100, 100]$$

这个公式允许调节亮度（bright）和对比度（contrast）的范围都是 $[-100, 100]$，在实际中，更加便于理解和调节。用这个算法公式进行效果测试，如图 4-33 所示。

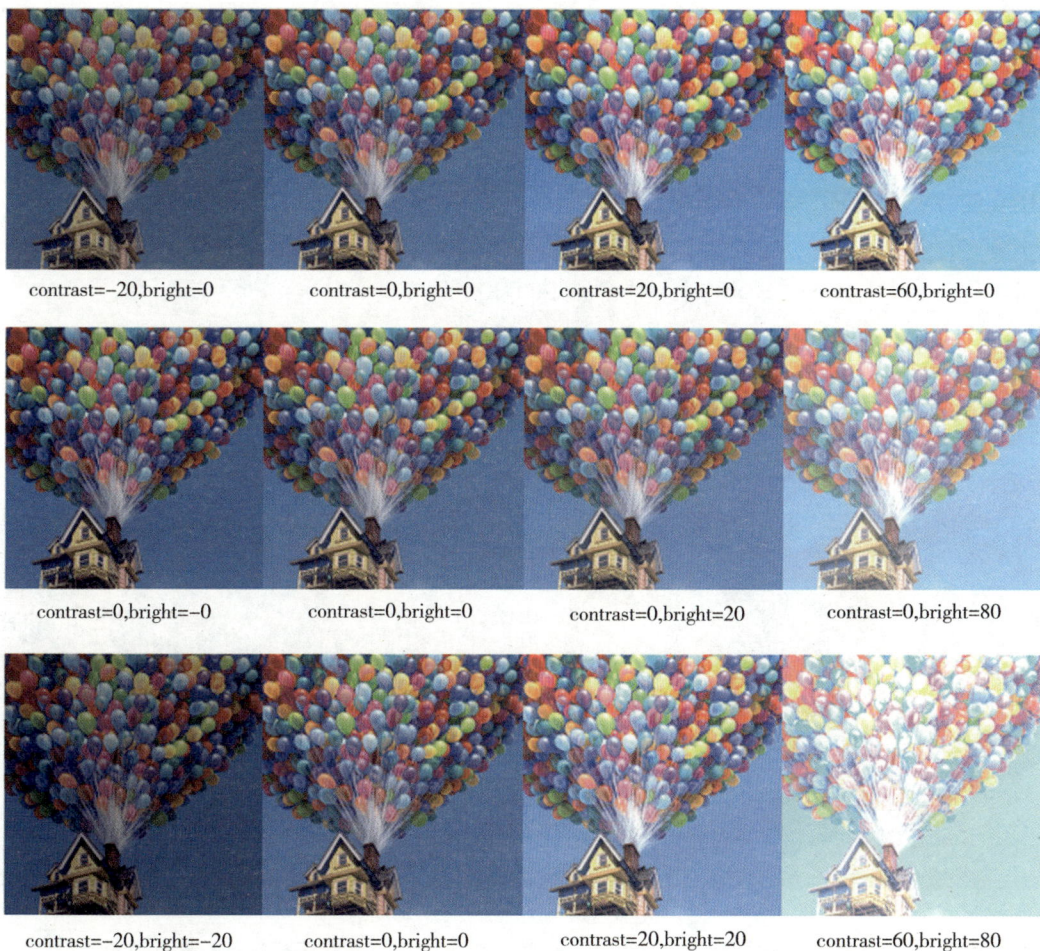

图 4-33　图像亮度对比度算法一测试效果图

上述算法是一个最简单的线性亮度与对比度调节算法，当然，也存在一些问题，比如，在调节对比度的同时，亮度也发生了较大变化等。

算法二：Photoshop 旧版亮度对比度调节算法

公式如下：

$$temp = \begin{cases} P(x) + bright, & contrast > 0 \\ P(x), & otherwise \end{cases}$$

$$D(x) = \begin{cases} threshold + \dfrac{(temp - threshold)}{1.0 - contrast/100.0}, & contrast > 0 \\ threshold + (temp - threshold) \times (1.0 + contrast/100.0) + bright, & otherwise \end{cases}$$

$$threshold = 127.5$$

这个算法是 Photoshop 中的经典算法，Photoshop 经历了多次版本更新，但是，这个亮度与对比度调节算法依旧保留至今。算法详细过程如下。

（1）亮度调节算法使用的是最简单的线性调节，即：

$$D(x) = P(x) + bright$$

（2）算法首先根据对比度 $contrast$ 进行判断，对比度大于 0，则先进行亮度调节，反之，先进行对比度调节。

（3）当对比度参数 $contrast > 0$ 时，进行如下对比度调节：

$$D(x) = threshold + \frac{(P(x) - threshold)}{1.0 - contrast/100.0}$$

此处如果 $contrast = 100$，则做如下变换：

$$D(x) = D(x) > threshold ? 255 : 0$$

（4）当对比度参数 $contrast <= 0$ 时，进行如下对比度调节：

$$D(x) = threshold + (P(x) - threshold) \times (1.0 + contrast/100.0)$$

此处如果 $contrast = -100$，则 $D(x) = 0$；

在整个算法中，采用了一个默认阈值 $threshold = 127.5$，在 $contrast = -100$ 时，对比度效果表现为中性灰颜色。测试这个算法，并与 Photoshop 进行效果对比，如图 4 - 34 所示。

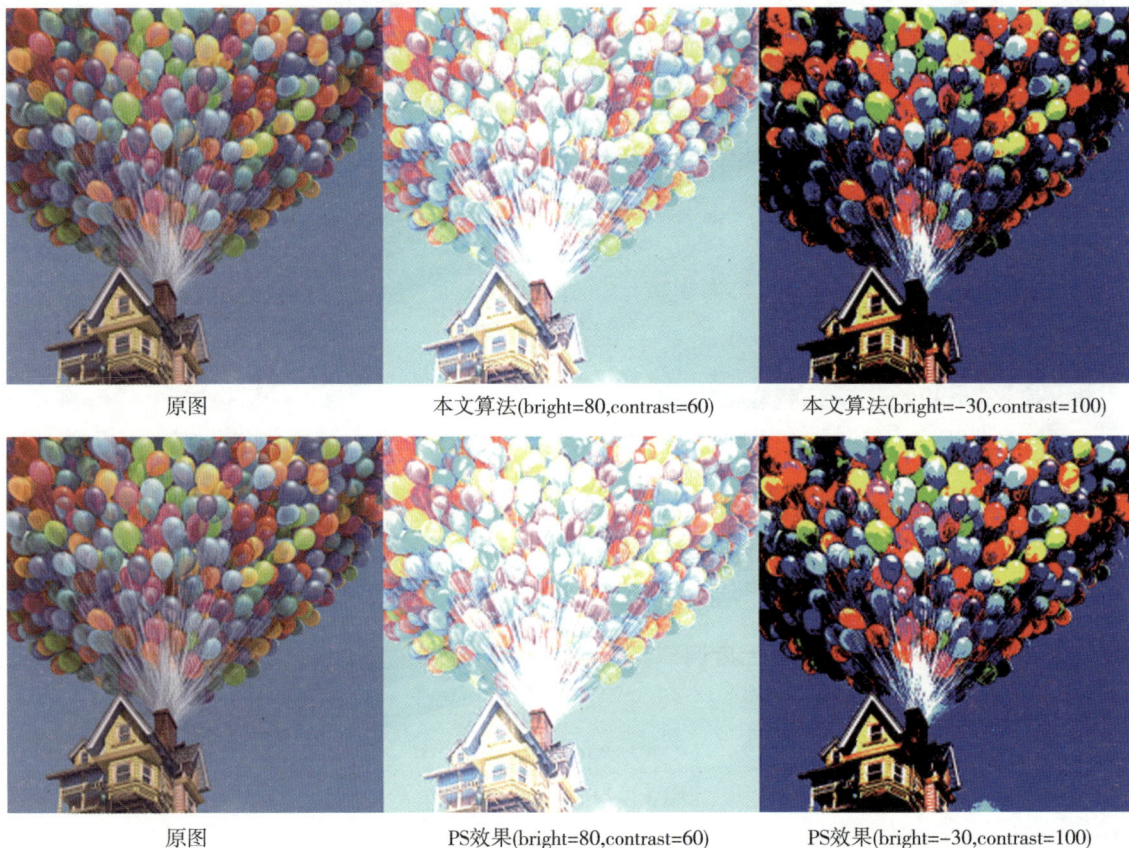

| 原图 | 本文算法(bright=80,contrast=60) | 本文算法(bright=-30,contrast=100) |
| 原图 | PS效果(bright=80,contrast=60) | PS效果(bright=-30,contrast=100) |

图 4 - 34　图像亮度对比度算法二测试效果图

通过图 4 - 34 的对比，可以发现，本文算法与 Photoshop 的旧版亮度对比度调节算法效果基本一致。

2. 绘制与代码 用代码来实现图像亮度对比度算法，定义如下接口：

```
/ **********************************************
* Function:图像亮度对比度算法一
* Params:
*            srcData:32bgra 图像数据
*            width:图像宽度
*            height:图像高度
*            stride:图像幅度,对于 32bgra 格式而言,stride = width * 4
*            brightness:亮度值,范围[ - 100,100]
*            contrast:对比度值,范围[ - 100,100]
* Return： 0 - 成功,其他失败
********************************************** /
int f_BrightContrastLineartransform( unsigned char * srcData,int width,int height,int stride,int brightness,
int contrast) ;

/ **********************************************
* Function:图像亮度对比度算法二
* Params:
*            srcData:32bgra 图像数据
*            width:图像宽度
*            height:图像高度
*            stride:图像幅度,对于 32bgra 格式而言,stride = width * 4
*            brightness:亮度值,范围[ - 100,100]
*            contrast:对比度值,范围[ - 100,100]
* Return： 0 - 成功,其他失败
********************************************** /
int f_BrightContrastPS( unsigned char * srcData,int width,int height,int stride,int brightness,int contrast) ;
```

在该接口中，统一使用 bgra32 位数据格式，设置亮度 brightness 和对比度 contrast 两个调节参数，分别实现算法一和算法二两种算法，实现代码如下：

```
#include"f_Colortransform. h"
/ **********************************************
* Function:明度法灰度化
* Params:
*            srcData:32bgra 图像数据
*            width:图像宽度
*            height:图像高度
*            stride:图像幅度,对于 32bgra 格式而言,stride = width * 4
```

```
*          brightness:亮度值,范围[-100,100]
*          contrast:对比度值,范围[-100,100]
* Return: 0-成功,其他失败
********************************************************/
int f_BrightContrastLineartransform(unsigned char * srcData,int width,int height,int stride,int brightness,
int contrast)
{
    int ret = 0;
    unsigned char * pSrc = srcData;
    for(int j = 0;j < height;j++)
    {
        for(int i = 0;i < width;i++)
        {
            //pSrc[0]—Blue 蓝色通道,pSrc[1]—Green 绿色通道,pSrc[2]—Red 红色通道
            pSrc[0] = CLIP3((contrast + 100) * pSrc[0]/100 + brightness,0,255);
            pSrc[1] = CLIP3((contrast + 100) * pSrc[1]/100 + brightness,0,255);
            pSrc[2] = CLIP3((contrast + 100) * pSrc[2]/100 + brightness,0,255);
            //32 位 bgra 格式,每个像素有 4 个字节表示,所以内存中每次偏移 4 表示一个像素
            pSrc + = 4;
        }
    }
    return ret;
};

/********************************************************
* Function:图像亮度对比度算法二
* Params:
*          srcData:32bgra 图像数据
*          width:图像宽度
*          height:图像高度
*          stride:图像幅度,对于 32bgra 格式而言,stride = width * 4
*          brightness:亮度值,范围[-100,100]
*          contrast:对比度值,范围[-100,100]
* Return: 0-成功,其他失败
********************************************************/
int f_BrightContrastPS(unsigned char * srcData,intwidth,int height,int stride,int brightness,int contrast)
{
    int ret = 0;
    unsigned char * pSrc = srcData;
```

```
float threshold = 127.5;
unsigned char LUT_BC[256] = {0};
int temp = 0;
for( int i = 0; i < 256; i++ )
{
    if( contrast > 0 )
    {
        temp = CLIP3( i + brightness, 0, 255 );
        if( contrast < 100 )
            temp = CLIP3( threshold + ( temp − threshold ) * ( 1.0f/( 1.0f − contrast/100.0f ) ), 0, 255 );
        else
            temp = temp > threshold ? 255 : 0;
    }
    else
    {
        temp = i;
        temp = CLIP3( threshold + ( temp − threshold ) * ( 1.0f + contrast/100.0f ), 0, 255 );
        temp = CLIP3( temp + brightness, 0, 255 );
    }
    LUT_BC[i] = temp;
}
for( int j = 0; j < height; j++ )
{
    for( int i = 0; i < width; i++ )
    {
        //pSrc[0]—Blue 蓝色通道, pSrc[1]—Green 绿色通道, pSrc[2]—Red 红色通道
        pSrc[0] = LUT_BC[pSrc[0]];
        pSrc[1] = LUT_BC[pSrc[1]];
        pSrc[2] = LUT_BC[pSrc[2]];
        //32 位 bgra 格式,每个像素有 4 个字节表示,所以内存中每次偏移 4 表示一个像素
        pSrc + = 4;
    }
}
return ret;
};
```

最后，给出对应的调用代码：

```
#include" stdafx. h"
#include" imgRW\f_SF_ImgBase_RW. h"
#include" f_Colortransform. h"

int_tmain( int argc,_TCHAR * argv[ ])
{
    //定义输入图像路径
    char * inputImgPath = "Test. png";
    //定义输出图像路径
    char * outputImgPath_bc = "res_bc. jpg";

    //定义图像宽高信息
    int width =0, height =0, component =0, stride =0;
    //图像读取(得到 32 位 bgra 格式图像数据)
    unsigned char * bgraData = Trent_ImgBase_ImageLoad( inputImgPath,&width,&height,&component);
    stride = width *4;
    //其他图像处理操作
    //IMAGE PROCESS/
    彩色图像线性亮度对比度调节
    int brightness = -30;
    int contrast =100;
    int ret =0;
    //算法一
    //ret = f_BrightContrastLineartransform( bgraData, width, height, stride, brightness, contrast);
    //算法二 Photoshop 旧版亮度对比度调节
    ret = f_BrightContrastPS( bgraData, width, height, stride, brightness, contrast);
    ret = Trent_ImgBase_ImageSave( outputImgPath_bc, width, height, bgraData, JPG);
    printf( "Done!");

    free( bgraData);
    return 0;
}
```

亮度与对比度是图像处理的基本内容，本节所讲述的都是带参数的调节算法，实际应用中，它的研究重点在于如何自动对一张图像进行亮度与对比度调节，而不是人工输入参数进行调节，目前，亮度与对比度自动调节算法主要可以分为传统算法和深度学习算法两大类。传统算法主要包括颜色直方图裁剪、直方图均衡化、Retinex 增强以及局部均方差信息和曲线拟合等方法。

实训五　图像边缘检测

【要求】

图像边缘检测是图像处理中一个很基础的部分，本次实训通过图像边缘检测算法中的模板算子法，包括常用的几种一阶二阶微分模板算子，同时，使用 C 语言实现对应算法，掌握模板算子边缘检测。

【概念】

边缘检测是图像处理中的一项重要技术，用于检测图像中的边缘或轮廓，也称为轮廓检测。边缘检测的目的是提取图像中物体或边界的轮廓，以便进一步分析和处理。

边缘检测的基本原理是通过计算图像中像素点的灰度值变化来检测边缘。当图像中存在一个边缘时，相邻像素点的灰度值会发生突变。通过检测这些突变点，可以得到边缘的位置和方向。

常用的边缘检测算法如下。

1. Sobel 算法　是一种基于梯度的边缘检测算法。该算法将输入图像分成 8 个小块，分别计算每个小块中像素点的梯度幅值和方向。然后将这些梯度幅值和方向进行平均，得到一个平均梯度幅值和方向。最后，根据这个平均梯度幅值和方向来确定边缘的位置和方向。

2. Canny 算法　是一种经典的边缘检测算法，具有较高的边缘检测精度和抗噪性能。该算法首先使用高斯滤波器对输入图像进行平滑处理，消除图像中的噪声。然后，使用非极大值抑制和双阈值方法来检测边缘。最后，根据边缘的位置和强度来确定边缘的类型和轮廓。

3. Prewitt 算法　是一种基于梯度的边缘检测算法，与 Sobel 算法类似。该算法将输入图像分成 8 个小块，分别计算每个小块中像素点的梯度幅值和方向。然后将这些梯度幅值和方向进行平均，得到一个平均梯度幅值和方向。最后，根据这个平均梯度幅值和方向来确定边缘的位置和方向。

4. Roberts 算法　是一种简单的边缘检测算法，适用于低分辨率图像。该算法将输入图像分成 8 个小块，分别计算每个小块中像素点的梯度幅值和方向。然后将这些梯度幅值和方向进行加权平均，得到一个平均梯度幅值和方向。最后，根据这个平均梯度幅值和方向来确定边缘的位置和方向。

以上是常用的几种边缘检测算法，它们各有优缺点，具体应用需要根据实际情况选择。

在实际应用中，还需要考虑一些其他因素，如边缘检测算法的参数设置、边缘类型的判断标准、边缘连续性的处理等。这些因素对边缘检测的结果都有重要的影响，需要进行适当的调整和优化。

总之，边缘检测是图像处理中非常重要的一项技术，可以提高图像质量和分析效果，广泛应用于计算机视觉、遥感、医学影像等领域。

【算法】

图像边缘检测实际上就是通过算法找到图像中的边缘点像素，如图 4 - 35 所示，左边为原图，右边为边缘检测结果图。模板算子法是常用的边缘检测方法。

图 4 - 35　图像边缘检测

模板算子的理论基础：边缘是图像中像素灰度值突变的结果，也就是不连续的像素，对于这些突变的地方，它的微分运算中，一阶导数表现为极值点，二阶导数表现为过零点，因此，可以用微分算子来计算图像的边缘像素点，而这些微分算子，通常可以通过小区域的模板卷积来近似计算，这种小区域模板就是边缘检测的模板算子，这种模板卷积计算边缘像素的方法就叫做模板算子法。通过图示来说明一下，如图 4 - 36 所示，对于边缘检测函数 $f(x)$，在边缘点 x_0 和 x_1 处，它的一阶导数表现为极值点，极大值或者极小值，而二阶导数表现为过零点，在 x_0 和 x_1 处二阶导数为 0。

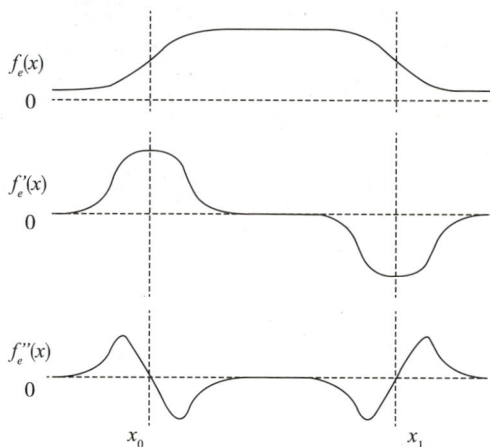

图 4 - 36　模板算子原理示意图

有了上面的理论基础，可以据此来判断边缘点。在这之前，还要理解一个问题，导数在图像中是如何表示的？

对于连续函数 $f(x)$，它的一阶导数定义如下：

$$f'(x) = \lim_{h \to 0} \frac{f(x+h) - f(x)}{h} \qquad 或 \qquad f'(x) = \lim_{h \to 0} \frac{f(x+h) - f(x-h)}{2h}$$

其中，h 表示 x 的一个趋近于 0 的增量。这个定义可理解为，当 h 趋近于 0 时，点 x 和 $x+h$ 之间的斜率逐渐趋近于 x 点的切线斜率。

对于离散图像 I 的像素而言，可以用差分来近似求导，公式如下，分别为前向差分和中心差分。

$$I_x = \frac{I(x) - I(x-h)}{h} \qquad 前向差分$$

$$I_x = \frac{I(x+h) - I(x-h)}{2h} \qquad 中心差分$$

对于 $f(x)$ 的二阶导数，定义如下：

$$f''(x) = \lim_{h \to 0} \frac{f'(x+h) - f'(x)}{h} = \lim_{h \to 0} \frac{f(x+h) - 2f(x) + f(x-h)}{h^2}$$

同样用像素差分来近似表示为：

$$I_{xx} = \frac{I(x+h) - 2I(x) + I(x-h)}{h^2}$$

了解了图像导数的计算，下面分别介绍一阶模板算子（Roberts、Prewitt 和 Sobel）和二阶模板算子 Laplace 边缘检测。

1. Roberts 算子　又叫交叉微分算子，通过计算水平和垂直方向的交叉差分来定位边缘像素。它的水平和垂直方向模板如下：

$$dx = \begin{bmatrix} 1 & 0 \\ 0 & -1 \end{bmatrix}$$

$$dy = \begin{bmatrix} 0 & 1 \\ -1 & 0 \end{bmatrix}$$

边缘计算公式如下：

$$D = \sqrt{d_x^2 + d_y^2}$$

对于图像 I，离散像素的 Roberts 算子表示如下：

$$Dx = I(i,j) - I(i+1,j+1)$$

$$Dy = I(i+1,j) - I(i-1,j+1)$$

$$D = \sqrt{Dx^2 + Dy^2}$$

Roberts 算子边缘检测效果如图 4 - 37 所示。

图 4 - 37　Roberts 边缘检测效果示例

2. Prewitt 算子　与 Roberts 类似，不过是 3×3 大小的模板算子，计算的是中心像素周围邻域的差分，水平和垂直方向模板分别如下：

$$dx = \begin{bmatrix} -1 & 0 & 1 \\ -1 & 0 & 1 \\ -1 & 0 & 1 \end{bmatrix}$$

$$dy = \begin{bmatrix} 1 & 1 & 1 \\ 0 & 0 & 0 \\ -1 & -1 & -1 \end{bmatrix}$$

对于图像 I，离散像素的 Prewitt 算子表示如下：

$$Dx = I(i+1,j-1) + I(i+1,j) + I(i+1,j+1) - I(i-1,j-1) - I(i-1,j) - I(i-1,j+1)$$

$$Dy = I(i-1,j-1) + I(i,j-1) + I(i+1,j-1) - I(i-1,j+1) - I(i,j+1) - I(i+1,j+1)$$

$$D = \sqrt{Dx^2 + Dy^2}$$

Prewitt 算子边缘检测效果如图 4 - 38 所示。

图 4 - 38　Prewitt 算子边缘检测效果示例

3. Sobel 算子　是 3×3 大小的模板算子，它在 Prewitt 算子的基础上，考虑了中心像素与周围像素距离的关系，周围邻域像素距离中心像素越近，影响越大，因此，权重越大。Sobel 算子水平和垂直方向模板分别如下：

$$dx = \begin{bmatrix} -1 & 0 & 1 \\ -2 & 0 & 2 \\ -1 & 0 & 1 \end{bmatrix}$$

$$dy = \begin{bmatrix} 1 & 2 & 1 \\ 0 & 0 & 0 \\ -1 & -2 & -1 \end{bmatrix}$$

对于图像 I，离散像素的 Sobel 算子表示如下：

$$Dx = I(i+1,j-1) + 2I(i+1,j) + I(i+1,j+1) - I(i-1,j-1) - 2I(i-1,j) - I(i-1,j+1)$$

$$Dy = I(i-1,j-1) + 2I(i,j-1) + I(i+1,j-1) - I(i-1,j+1) - 2I(i,j+1) - I(i+1,j+1)$$

$$D = \sqrt{Dx^2 + Dy^2}$$

Sobel 算子边缘检测效果如图 4 – 39 所示。

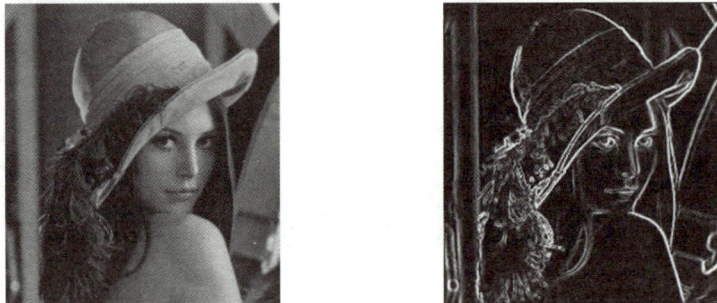

图 4 – 39　Sobel 算子边缘检测效果示例

4. Laplace 算子　上面三个模板算子就是一阶微分算子，对于二阶微分算子，代表如 Laplace 算子，它是无方向的算子，因此只有一个模板：

$$\begin{bmatrix} 0 & 1 & 0 \\ 1 & -4 & 1 \\ 0 & 1 & 0 \end{bmatrix}$$

这个模板的由来很简单，由前面关于二阶导数的介绍可知，对一个二维函数计算二阶导数，计算公式如下：

$$f''(x,y) = \frac{\partial^2 f}{\partial x^2} + \frac{\partial^2 f}{\partial y^2}$$

也就是对于 x 和 y 分别求二阶偏导，然后把二阶偏导换成差分近似即为：

$$D = -4I(i,j) + I(i,j-1) + I(i-1,j) + I(i,j+1) + I(i+1,j)$$

这个计算刚好与模板是一一对应的。在实际应用中，Laplace 算子模板还有一些 8 邻域变种，如下所示：

$$\begin{bmatrix} 1 & 1 & 1 \\ 1 & -8 & 1 \\ 1 & 1 & 1 \end{bmatrix} \begin{bmatrix} -1 & 2 & -1 \\ 2 & -4 & 2 \\ -1 & 2 & -1 \end{bmatrix}$$

Laplace 算子边缘检测效果如图 4 – 40 所示。

通常最为常用的是 Sobel 算子，它的效果要明显优于 Roberts 和 Prewitt 算子。

图 4 – 40　Laplace 算子边缘检测效果示例

【代码】

用 C 语言实现上述算法，定义头文件 f_TemplateEdgedetector. h，包含如下接口：

```
/ *****************************************************
* Function：Roberts edge detect
* Params：
*               srcData：image data with bgra32 format
*               width：image width
*               height：image height
*               stride：image stride，default stride = width * 4
* Return：    0 – OK，other failed.

***************************************************** /
int f_Roberts(unsigned char * srcData，int width，int height，int stride)；
/ *****************************************************
* Function：Prewitt edge detect
* Params：
*               srcData：image data with bgra32 format
*               width：image width
*               height：image height
*               stride：image stride，default stride = width * 4
* Return：    0 – OK，other failed.

***************************************************** /
int f_Prewitt(unsigned char * srcData，int width，int height，int stride)；
/ *****************************************************
* Function：Sobel edge detect
* Params：
*               srcData：image data with bgra32 format
*               width：image width
*               height：image height
*               stride：image stride，default stride = width * 4
```

```
* Return：   0 - OK，other failed.
****************************************************** /
int f_Sobel( unsigned char * srcData，int width，int height，int stride)；
/ ******************************************************
* Function：Laplace edge detect
* Params：
*               srcData：image data with bgra32 format
*               width：image width
*               height：image height
*               stride：image stride，default stride = width * 4
* Return：   0 - OK，other failed.
****************************************************** /
int f_Laplace( unsigned char * srcData，int width，int height，int stride)；
```

头文件中依次定义了三种一阶模板算子边缘检测和一种二阶模板算子 Laplace 算子边缘检测接口，输入原图 bgra 数据，同时作为结果图输出。

完整代码实现如下：

```
#include" f_TemplateEdgedetector. h"

/ ******************************************************
* Function：Roberts edge detect
* Params：
*               srcData：image datawith bgra32 format
*               width：image width
*               height：image height
*               stride：image stride，default stride = width * 4
* Return：   0 - OK，other failed.
****************************************************** /
int f_Roberts( unsigned char * srcData，int width，int height，int stride)
{
    int ret = 0；
    unsigned char * tempData = ( unsigned char * ) malloc( sizeof( unsigned char) * height * stride)；
    memcpy( tempData，srcData，sizeof( unsigned char) * height * stride)；
    unsigned char * pSrc = srcData；
    for( int j = 0；j < height；j++ )
    {
        for( int i = 0；i < width；i++ )
        {
```

```
            if( i < 1 || i > width - 2 || j < 1 || j > height - 2 )
            {
                pSrc[ 0 ] = pSrc[ 1 ] = pSrc[ 2 ] = 0;
            }
            else
            {
                int pos = i * 4 + j * stride;
                int dx = tempData[ pos ] - tempData[ pos + 4 + stride ];
                int dy = tempData[ pos + 4 ] - tempData[ pos - 4 + stride ];
                pSrc[ 0 ] = CLIP3( sqrt( dx * dx + dy * dy ), 0, 255 );
                pos++;
                dx = tempData[ pos ] - tempData[ pos + 4 + stride ];
                dy = tempData[ pos + 4 ] - tempData[ pos - 4 + stride ];
                pSrc[ 1 ] = CLIP3( sqrt( dx * dx + dy * dy ), 0, 255 );
                pos++;
                dx = tempData[ pos ] - tempData[ pos + 4 + stride ];
                dy = tempData[ pos + 4 ] - tempData[ pos - 4 + stride ];
                pSrc[ 2 ] = CLIP3( sqrt( dx * dx + dy * dy ), 0, 255 );
            }
            pSrc += 4;
        }
    }
    free( tempData );
    return  ret;
};


/******************************************************
* Function: Prewitt edge detect
* Params:
*           srcData: image data with bgra32 format
*           width: image width
*           height: image height
*           stride: image stride, default stride = width * 4
* Return:   0 - OK, other failed.
****************************************************** /
int f_Prewitt( unsigned char * srcData, int width, int height, int stride )
{
    int ret = 0;
    unsigned char * tempData = ( unsigned char * ) malloc( sizeof( unsigned char ) * height * stride );
```

```c
        memcpy(tempData, srcData, sizeof(unsigned char) * height * stride);
        unsigned char * pSrc = srcData;
        for(int j = 0; j < height; j++)
        {
            for(int i = 0; i < width; i++)
            {
                if(i < 1 || i > width - 2 || j < 1 || j > height - 2)
                {
                    pSrc[0] = pSrc[1] = pSrc[2] = 0;
                }
                else
                {
                    int pos = i * 4 + j * stride;
                    int dx = tempData[pos + 4 - stride] + tempData[pos + 4] + tempData[pos + 4 + stride]
- tempData[pos - 4 - stride] - tempData[pos - 4] - tempData[pos - 4 + stride];
                    int dy = tempData[pos - 4 - stride] + tempData[pos - stride] + tempData[pos + 4 -
stride] - tempData[pos - 4 + stride] - tempData[pos + stride] - tempData[pos + 4 + stride];
                    pSrc[0] = CLIP3(sqrt(dx * dx + dy * dy), 0, 255);
                    pos++;
                    dx = tempData[pos + 4 - stride] + tempData[pos + 4] + tempData[pos + 4 + stride] -
tempData[pos - 4 - stride] - tempData[pos - 4] - tempData[pos - 4 + stride];
                    dy = tempData[pos - 4 - stride] + tempData[pos - stride] + tempData[pos + 4 - stride]
- tempData[pos - 4 + stride] - tempData[pos + stride] - tempData[pos + 4 + stride];
                    pSrc[1] = CLIP3(sqrt(dx * dx + dy * dy), 0, 255);
                    pos++;
                    dx = tempData[pos + 4 - stride] + tempData[pos + 4] + tempData[pos + 4 + stride] -
tempData[pos - 4 - stride] - tempData[pos - 4] - tempData[pos - 4 + stride];
                    dy = tempData[pos - 4 - stride] + tempData[pos - stride] + tempData[pos + 4 - stride]
- tempData[pos - 4 + stride] - tempData[pos + stride] - tempData[pos + 4 + stride];
                    pSrc[2] = CLIP3(sqrt(dx * dx + dy * dy), 0, 255);
                }
                pSrc += 4;
            }
        }
        free(tempData);
        return ret;
    };
```

```
/ **************************************************
* Function：Sobel edge detect
* Params：
*                srcData：image data with bgra32 format
*                width：image width
*                height：image height
*                stride：image stride，default stride = width * 4
* Return： 0 - OK，other failed.
*************************************************** /
int f_Sobel( unsigned char * srcData，int width，intheight，int stride)
{
    int ret = 0；
    unsigned char * tempData = ( unsigned char * ) malloc( sizeof( unsigned char) * height * stride)；
    memcpy( tempData，srcData，sizeof( unsigned char) * height * stride)；
    unsigned char * pSrc = srcData；
    for( int j = 0；j < height；j++ )
    {
        for( int i = 0；i < width；i++ )
        {
            if( i < 1 || i > width - 2 || j < 1 || j > height - 2)
            {
                pSrc[ 0 ] = pSrc[ 1 ] = pSrc[ 2 ] = 0；
            }
            else
            {
                int pos = i * 4 + j * stride；
                int dx = tempData[ pos + 4 - stride ] + 2 * tempData[ pos + 4 ] + tempData[ pos + 4 + stride ] - tempData[ pos - 4 - stride ] - 2 * tempData[ pos - 4 ] - tempData[ pos - 4 + stride ]；
                int dy = tempData[ pos - 4 - stride ] + 2 * tempData[ pos - stride ] + tempData[ pos + 4 - stride ] - tempData[ pos - 4 + stride ] - 2 * tempData[ pos + stride ] - tempData[ pos + 4 + stride ]；
                pSrc[ 0 ] = CLIP3( sqrt( dx * dx + dy * dy)，0，255)；
                pos++；
                dx = tempData[ pos + 4 - stride ] + 2 * tempData[ pos + 4 ] + tempData[ pos + 4 + stride ] - tempData[ pos - 4 - stride ] - 2 * tempData[ pos - 4 ] - tempData[ pos - 4 + stride ]；
                dy = tempData[ pos - 4 - stride ] + 2 * tempData[ pos - stride ] + tempData[ pos + 4 - stride ] - tempData[ pos - 4 + stride ] - 2 * tempData[ pos + stride ] - tempData[ pos + 4 + stride ]；
                pSrc[ 1 ] = CLIP3( sqrt( dx * dx + dy * dy)，0，255)；
                pos++；
                dx = tempData[ pos + 4 - stride ] + 2 * tempData[ pos + 4 ] + tempData[ pos + 4 + stride ]
```

$$-\text{tempData}[\,\text{pos}-4-\text{stride}\,]-2*\text{tempData}[\,\text{pos}-4\,]-\text{tempData}[\,\text{pos}-4+\text{stride}\,]\,;$$

$$\text{dy}=\text{tempData}[\,\text{pos}-4-\text{stride}\,]+2*\text{tempData}[\,\text{pos}-\text{stride}\,]+\text{tempData}[\,\text{pos}+4-$$

$$\text{stride}\,]-\text{tempData}[\,\text{pos}-4+\text{stride}\,]-2*\text{tempData}[\,\text{pos}+\text{stride}\,]-\text{tempData}[\,\text{pos}+4+\text{stride}\,]\,;$$

$$\text{pSrc}[\,2\,]=\text{CLIP3}(\,\text{sqrt}(\,\text{dx}*\text{dx}+\text{dy}*\text{dy})\,,0\,,255)\,;$$

```
                }
                pSrc + =4;
            }
        }
        free( tempData) ;
        return   ret;
} ;


/ ****************************************************
* Function: Laplace edge detect
* Params:
*           srcData:image data with bgra32 format
*           width:image width
*           height:image height
*           stride:image stride,default stride = width * 4
* Return:   0 - OK,other failed.
**************************************************** /
int f_Laplace( unsigned char * srcData,int width,int height,int stride)
{
    int ret =0;
    unsigned char * tempData = ( unsigned char * ) malloc( sizeof( unsigned char) * height * stride) ;
    memcpy( tempData,srcData,sizeof( unsigned char) * height * stride) ;
    unsigned char * pSrc = srcData;
    for( int j =0;j < height;j++ )
    {
        for( int i =0;i < width;i++ )
        {
            if( i < 1 || i > width -2 || j < 1 || j > height -2 )
            {
                pSrc[ 0 ] = pSrc[ 1 ] = pSrc[ 2 ] =0;
            }
            else
            {
                int pos = i * 4 + j * stride;
                int t = tempData[ pos - stride ] + tempData[ pos -4 ] + tempData[ pos + stride ] + temp-
```

$Data[pos+4]-4*tempData[pos];$

       $pSrc[0]=CLIP3(t,0,255);$

       $pos++;$

       $t=tempData[pos-stride]+tempData[pos-4]+tempData[pos+stride]+tempData$
$[pos+4]-4*tempData[pos];$

       $pSrc[1]=CLIP3(t,0,255);$

       $pos++;$

       $t=tempData[pos-stride]+tempData[pos-4]+tempData[pos+stride]+tempData$
$[pos+4]-4*tempData[pos];$

       $pSrc[2]=CLIP3(t,0,255);$

      }

     $pSrc+=4;$

    }

   }

  free(tempData);

  return ret;

 };

  该实现中，全部使用 32 位彩色图像处理，对于图像的边界部分直接填充为黑色处理。最后给出测试代码：

```
#include"stdafx. h"
#include"imgRW\f_SF_ImgBase_RW. h"
#include"f_TemplateEdgedetector. h"

int_tmain(int argc,_TCHAR * argv[])
{
    //定义输入图像路径
    char * inputImgPath = "Test. png";
    //定义输出图像路径
    char * outputImgPath_roberts = "res_roberts. jpg";
    char * outputImgPath_prewitt = "res_prewitt. jpg";
    char * outputImgPath_sobel = "res_sobel. jpg";
    char * outputImgPath_laplace = "res_laplace. jpg";
    //定义图像宽高信息
    int width = 0, height = 0, component = 0, stride = 0;
    //图像读取(得到 32 位 bgra 格式图像数据)
    unsigned char * bgraData = Trent_ImgBase_ImageLoad(inputImgPath,&width,&height,&component);
    stride = width * 4;
    //其他图像处理操作
```

```
//IMAGE PROCESS/
int ret = 0;
roberts 边缘检测(彩色图)
ret = f_Roberts(bgraData, width, height, stride);
ret = Trent_ImgBase_ImageSave(outputImgPath_roberts, width, height, bgraData, JPG);
// prewitt 边缘检测(彩色图)
ret = f_Prewitt(bgraData, width, height, stride);
ret = Trent_ImgBase_ImageSave(outputImgPath_prewitt, width, height, bgraData, JPG);
//sobel 边缘检测(彩色图)
ret = f_Sobel(bgraData, width, height, stride);
ret = Trent_ImgBase_ImageSave(outputImgPath_sobel, width, height, bgraData, JPG);
//laplace 边缘检测(彩色图)
ret = f_Laplace(bgraData, width, height, stride);
ret = Trent_ImgBase_ImageSave(outputImgPath_laplace, width, height, bgraData, JPG);
////////////////////////////////
free(bgraData);
printf("Done!");
return 0;
}
```

这段代码的测试效果如图 4 -41 所示。

原图   Laplace 算子边缘检测

Roberts 算子边缘检测   Prewitt 算子边缘检测   Sobel 算子边缘检测

图 4 -41   模板算子边缘检测效果测试

【扩展】

本节主要讲述了图像边缘检测中的模板算子边缘检测法，包括一阶模板算子如 Roberts、Prewitt 和 Sobel 算子等，二阶模板算子如 Laplace 算子等内容，这些内容都是图像算法中的基础知识，实际上模板算子还有很多，比如 8 方向的边缘检测算子等，具体如何选择正确的模板算子，还需要针对实际问题具体分析。

Laplace 算子有 4 邻域和 8 邻域的变种，并非唯一；同样，Sobel 算子也并非单一的 3×3 模板算子，本节所述的 3×3 只是半径为 1 的 Sobel 核而已。Sobel 算子模板可以根据半径进行扩展，它的理论基础是帕斯卡三角形，Sobel 核的半径可以为任意奇数，比如 1，3，5，…。这些可以自行研究。

🖇 知识链接

边缘检测在医学图像中的运用

医学图像主要包括：X 线图像、CT 图像、超声图像、放射性同位素（RT）图像、体表图像、显微图像等，为了得到表征人体生理变化过程的图像，又出现了单探头光子断层扫描技术（SPECT）以及正电子断层扫描技术（PET）等。不管是哪一种医学图像，它的临床应用都与图像处理技术密不可分，而边缘检测技术又是最重要的图像技术之一。

基于边缘的医学图像匹配：将来自不同形式的探测器得到的医学图像，利用计算机技术将它们对应的相同的生理学解剖位置标记出来，也可以将实采图像与标准医学图像匹配，以标明某些特定属性，例如可以识别和显示特定的解剖结构，以帮助外科医生定位或避开某一结构。

在各种血管边缘抽取中的应用：在临床诊断中，人们可用造影剂注射入可疑血管部位，然后通过成影得到血管，再通过边缘检测等技术获得血管边缘，供医生诊断。

目标检测

答案解析

一、选择题

1. 下列不属于医学图像的是（   ）。

    A. MRI 图像   B. CT 图像   C. 超声多普勒图像   D. 紫外图像

2. 8 位图像的灰阶范围是（   ）。

    A. 0 和 1   B. 0～255   C. 0～256   D. 128

3. 图像在计算机中是（   ）表示的。

    A. $f(x, y)$ B. $f(x, y, z)$

    C. 2D 图像用 $f(x, y)$，3D 图像用 $f(x, y, z)$ D. 0 和 1 表示

4. 图像数字化的（   ）会丢失信息。

    A. 采样   B. 量化   C. 压缩编码   D. 采样和编码

5. 下列关于图像二值化，叙述正确的是（   ）。

    A. 二值化只能使用一个固定的阈值

    B. 二值化后的图像有多个灰阶

C. 二值化后的图像只有两个灰阶

D. 存在对任何图像都通用并且稳定的二值化算法

二、简答题

1. 什么是图像灰度直方图？什么是直方图均衡化？

2. 什么是边缘检测？边缘检测算法包括哪些步骤？

书网融合……

本章小结

第五章　工程实践：设备管理系统

岗位情景模拟

情景描述　某IT公司的项目组接到某医院的设备管理系统开发项目，该系统主要包括以下功能：①设备信息输入输出；②设备信息查找；③设备信息修改、添加、删除；④设备信息统计等。设备信息包括：设备号、设备名称、生产厂家、使用部门等数据。采用C语言开发，如果您是本项目的技术人员，负责进行本项目的设计开发。

讨论　1. C语言结构化程序设计主要思想是什么？

2. 程序开发中主要会用到哪些算法，如何设计并用C语言实现？

第一节　结构化程序设计

结构化程序设计的总体思想是采用模块化结构，自上而下，逐步求精。即首先把一个复杂的大问题分解为若干相对独立的小问题。然后，对每个小问题编写出一个功能上相对独立的程序块（模块）。最后将各程序块进行组装成为一个完整的程序。

对于一个具体问题，一般按照结构化程序设计方法来组织函数，主要原则可以概括为"自顶向下，逐步求精，函数实现"。任务、模块和函数的关系如图5-1所示。

1. 自顶向下分析问题　把大的、复杂的问题分解成小问题后再解决，面对一个复杂的问题，首先进行整体分析，按照组织或功能将问题分解成子问题，若子问题仍然复杂也继续分解，直到容易解决为止。

自顶向下的方法有助于后续的模块化设计与测试，以及系统的集成。

2. 逐步求精　对于复杂的问题，其中大的操作应该将其分解为更小的子步骤序列，逐步明晰实现过程。

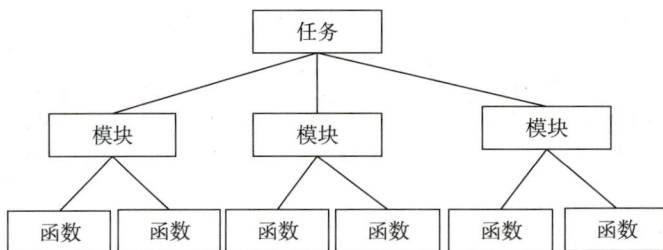

图 5 – 1　任务、模块和函数的关系

3. 函数实现　通过逐步求精，把程序要解决的全局目标分解成局部目标，再进一步分解成具体的小目标，把最终的小目标通过函数来实现。

4. 模块化设计　模块化是目前主流的一种代码组织方式，它将复杂的代码按照功能的不同，划分为不同的模块，单独进行维护以提高开发效率，降低维护成本。

在这个阶段，需要将模块组织成良好的层次系统，顶层模块调用其下层模块以实现程序的完整功能，每个层次模块外调用更下层的模块，从而完成程序的一个子功能，最下层的模块完成更具体的功能。

模块化设计时要遵循模块独立性的原则，即模块之间的联系应尽量简单。体现在：①一个模块只能完成一个指定的功能；②模块之间只能通过参数进行调用；③一个模块只有一个入口和一个出口；④模块内慎用全局变量。

模块化设计使程序结构清晰，易于设计和理解，有利于大型软件的开发。

C 语言中，模块一般通过函数来实现，一个模块对应一个函数。在设计模块时，模块中包含的语句一般不要超过 50 行，以便于程序的阅读。

5. 结构化编码主要原则

（1）经模块化设计后，每个模块都可以独立编码。编码时应选用顺序、选择、循环 3 种控制结构，对于复杂问题可以通过 3 种结构的组合、嵌套实现，以清晰表明程序的逻辑结构。

（2）对变量、函数、常量等命名时，要见名知意，有助于对函数变量或功能的理解。

（3）在程序中增加适量必要的注释，增加程序的可读性。

（4）要有良好的程序视觉组织，利用缩进格式，一行写一条语句，呈现出程序语句的阶梯方式，使程序逻辑结构层次分明、结构清晰。

（5）程序要清晰易懂，语句构造简单明了。

（6）程序有良好的交互性，输入有提示，输出有说明。

✐ 知识链接 -

面向对象的开发方法

面向对象的开发方法将面向对象的思想应用于软件开发过程中，指导开发活动，是建立在"对象"概念基础上的方法学，简称 OO（object – oriented）方法。面向对象方法的本质是主张参照人们认识一个现实系统的方法，完成分析、设计与实现一个软件系统，提倡用人类在现实生活中常用的思维方法来认识和理解描述客观事物，强调最终建立的系统能映射问题域，使得系统中的对象，以及对象之间的关系能够如实地反映问题域中固有的事物及其关系。

OO 方法分为四个阶段：①系统调查和需求分析，解决系统干什么；②面向对象分析，识别出对象及其行为、结构、属性和方法，简称OOA；③面向对象设计，对分析结果进一步抽象、归类和整理，最终以范式的形式确定下来，简称OOD；④面向对象编程，利用面向对象程序设计语言编制应用程序，简称OOP。

OO 方法解决了传统的结构化开发方法中的许多缺陷，缩短了开发周期，是软件开发技术的一次重大革命。

第二节　系统分析

一、问题描述

设计一个设备管理程序，以方便设备科对本单位的设备进行管理，设计一程序完成以下功能。

（1）能从键盘输入设备信息。

（2）指定设备号，显示设备信息。

（3）指定部门名称，显示该部门所使用的设备。

（4）给定设备号，修改设备的信息。

（5）给定设备号，删除设备信息。

二、总体要求

（1）按照分析、设计、编码、调试、测试的软件过程完成这个应用程序。

（2）设备信息包括设备号、设备名称、购买日期、价格、生产厂家、使用部门。

（3）为各项操作功能设计一个菜单，应用程序运行后，先显示这个菜单，然后用户通过菜单项选择希望进行的操作项目。

三、输入要求

（1）应用程序运行后在屏幕上显示一个菜单。用户可以根据需求，选定相应的操作项目。进入每个操作后，根据应用程序的提示信息，从键盘输入相应的信息。程序根据用户输入的信息完成相应的处理，实现要求的功能。

（2）能对输入的数据进行简单的校验，例如，购买日期必须是一个合法的日期格式，设备号是唯一的（一个设备号对应一个设备的设备信息）。

四、输出要求

（1）应用程序运行后，要在屏幕上显示一个菜单。

（2）要求用户输入数据时，给出清晰、明确的提示信息，包括输入的数据内容、格式以及结束方式等。

（3）在程序完成处理后，要清楚地给出程序的处理结果。例如，在给定设备号删除设备信息时，如果该设备不存在，要提示没能删除，如果删除成功要提示删除成功。

五、实现要求

（1）在程序中使用链表存储设备信息。

（2）采用模块化程序设计的方法，将程序中的各项功能用函数实现。

（3）使用结构体表示设备信息，一个结点保存一条设备信息。

扩展功能如下。

（1）提供一些统计功能。例如统计每种设备的总数（按照设备名称），统计每个部门使用的设备总数。

（2）设备信息从文件读入。

（3）将设备信息保存到文件中。

第三节　系统设计

一、系统功能模块图

系统应包含以下功能模块。

（1）能从键盘和从文件中输入设备信息。

（2）指定设备号，显示设备信息。

（3）指定部门名称，显示该部门所使用的设备。

（4）给定设备号，修改设备的信息。

（5）给定设备号，删除设备信息。

（6）显示所有设备信息。

（7）添加设备的信息。

（8）统计设备的种类（按名称）和每个部门使用设备的数量。

对应的系统功能模块图如图 5-2 所示。

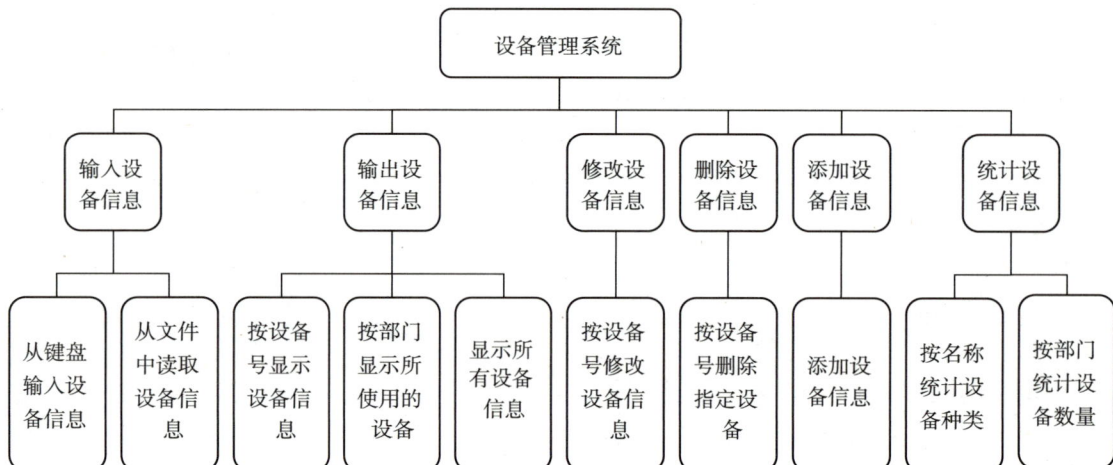

图 5-2　系统功能模块图

二、系统功能模块划分

系统功能模块划分设计说明如下。

（1）添加设备信息，所使用的函数为 void createlist（）。

（2）指定设备号，通过设备号来查询设备信息　所使用的函数为 void showdata（）。

（3）指定部门名称，显示该部门所使用的设备　所使用的函数为 void Bshowdata（）。

（4）给定设备号，修改设备的信息。所使用的函数为 void modify（）。

（5）给定设备号，删除设备信息。所使用的函数为 void deletenode（）。

（6）显示所有设备信息，所使用的函数为 void Pshowdata（）。

（7）释放设备信息链表，所使用的函数为 void freeList（）。

（8）增加设备的个数，所使用的函数为 void add_data（）。

（9）统计每个部门使用的设备总数，所使用的函数为 find_bmshebeishu（）。

（10）统计每种设备的总数（按照设备名称），所使用的函数为 void find_sbzongshu（）。

第四节　数据结构设计

结构体、链表的设计说明：

```
typedef struct facility
{
    char no[20];//设备号
    char name[10];//设备名称
    char cj[20];//生产厂家
    char bm[20];//使用部门
    char jg[10];//购买价格
    int year;
    int month;
    int day;
    struct facility * next;
}STU;
```

设备号：p -> no

设备名称：p -> name

购买价格：p -> jg

生产厂家：p -> cj

使用部门：p -> bm

购买日期：&p -> year,&p -> month,&p -> day

第五节　程序代码

```c
#define_CRT_SECURE_NO_WARNINGS 1
#define_CRT_SECURE_NO_WARNINGS 1
#include < stdio. h >
#include < string. h >
#include < stdlib. h >
#include < windows. h >
#include < stdlib. h >

typedef struct facility
{
    char no[20];
    char name[10];
    char cj[10];
    char bm[10];
    char jg[10];
    int year;
    int month;
    int day;
    struct facility * next;
}STU;
STU head;
STU * p, * tail = &head;
STU * findnode(char * no);//查找设备信息的结点
STU * find(char * bm);//查找设备信息部门的结点;
int getindex(char * no);//获取存放设备信息的结点序号;
void showmenu();//1 显示菜单
void showdata();//2 通过设备号来查询设备信息;
void createlist();//3 数据的输入
void modify();//4 修改设备信息
void deletenode();//5 删除设备信息
void freelist();//6 释放结点
void Pshowdata();//7 设备信息的输出
void Bshowdata();//8 查找使用部门
void sbshowmenu();//9 修改菜单
void segister();//10 登陆函数;
void createfile();//11 通过文件来输入数据
```

```
void createkeyboard();//12 通过键盘来输入设备信息
void printfscreen();//13 数据输到屏幕
void printffile();//14 数据输到文件中;
void tongji();//15 统计设备的个数
void find_sbzongshu();//16 统计每种设备的总数(按照设备名称)
void find_bmshebeishu();//17 统计每个部门使用的设备总数
void add_data();//18 增加设备的个数;

//主函数;
int main()
{
    int select;
    head. next = NULL;
    //segister();
    while(1)
    {
        showmenu();
        printf("请选择需要的操作:");
        scanf("%d",&select);
        fflush(stdin);
        switch(select)
        {
        case 1:createlist();break;//设备信息的输入;
        case 2:showdata();break;//
        case 3:Bshowdata();break;
        case 4:modify();break;
        case 5:deletenode();break;
        case 6:Pshowdata();break;
        case 7:tongji();break;
        case 8:add_data();break;
        case 0:freelist();exit(0);
        default:printf("输入错误! \n");
        }
        system("pause");
    }
    return 0;
}

void segister()
{
```

```c
        char user[10],passward[10];//分别储存用户名和密码;
        int count = 1;
        while(count < =3)
        {
            printf("你的用户名\n");
            gets(user);
            printf("请输入你的密码\n");
            gets(passward);
            if(strcmp(user,"202002386")== 0 && strcmp(passward,"123456")== 0)
            {
                printf("登陆成功\n");
                Sleep(1);
                break;
            }
            if(count == 3)
            {
                exit(0);
            }
            else
            {
                printf("\t 账号或密码错误\n");
                printf("\t 你还有%d 次机会,请再次输入账号密码！\n",3 - count);
                count++;
            }
        }
        return;
    }

STU * findnode(char * no)//查找设备信息的结点
{
    STU * p;
    p = head. next;
    while(p != NULL)
    {
        if(strcmp(p -> no,no)== 0)break;
        p = p -> next;
    }
    return p;
}
```

```
STU * find( char * bm)//查找设备信息部门的结点;
{
    STU * p;
    p = head. next;
    while( p ! = NULL)
    {
        if( strcmp( p -> bm,bm) == 0) break;
        p = p -> next;
    }
    return p;
}

int getindex( char * no)//获取存放设备信息的结点序号;
{
    int index = 1;
    STU * p;
    p = head. next;
    while( p ! = NULL)
    {
        if( strcmp( p -> no,no) == 0) break;
        p = p -> next;
        index++ ;
    }
    if( p == NULL)
        return 0;
    else
        return index;
}

void showmenu( )
{
    system( "cls") ;
    printf( " ---------------------------- \n") ;
    printf( " ****** 设备信息管理系统 ****** \n") ;
    printf( " ---------------------------- \n") ;
    printf( "\t  1. 输入设备信息\n") ;
    printf( "\t  2. 指定设备号,显示设备信息\n") ;
    printf( "\t  3. 给定使用部门名称,显示设备信息\n") ;
    printf( "\t  4. 给定设备号,修改该设备信息\n") ;
    printf( "\t  5. 给定设备号,删除该设备信息\n") ;
```

```
        printf("\t  6. 显示所有的设备信息\n");
        printf("\t  7. 统计设备的种类\n");
        printf("\t  8. 通过键盘增加设备信息\n");
        printf("\t  0. 退出\n");
        printf(" ------------------------------ \n");
        printf("    作者:医疗器械学院\n");
        printf("    All rights reserved\n");
        printf(" ------------------------------ \n");
        printf("    你的选择:");
        return;
}

void sbshowmenu()//修改菜单,
{
        //system("cls");
        printf(" ***** 选择修改的设备信息 ***** \n");
        printf("1. 修改设备号\n");
        printf("2. 修改设备名称\n");
        printf("3. 修改购买价格\n");
        printf("4. 修改使用部门\n");
        printf("5. 修改生产厂家\n");
        printf("6. 修改购买日期\n");
        printf("0. 放弃修改\n");
        return;
}

void createlist()//1:数据的输入
{
        int select;
        printf("请选择数据输入的方式\n");
        printf("1:以文件方式导入\n");
        printf("2:从键盘上输入\n");
        printf("3:返回上一步\n");
        scanf("%d",&select);
        switch(select)
        {
        case 1:createfile();break;
        case 2:createkeyboard();break;
        case 3:return;
```

```
        defaul:printf("选择错误! \n");
    }
    return;
}

void createfile()//从文件中输入
{
    int i;//i 是循环变量;
    int n;//是输入设备的个数;
    STU * p, * tail;//定义两个链表指针变量
    FILE * fp;//定义一个文件指针;
    fp = fopen("data. txt","r");//打开文件;
    if(head. next ! = NULL)
    {
        printf("设备的数据的链表已经建立\n");
        return;
    }
    printf("您选择从文件读取数据\n");
    printf("请输入设备的个数\n");
    tail = &head;//指向头文件;
    scanf("% d",&n);
    for(i = 1;i < = n;i++)
    {
        p = (STU * )malloc(sizeof(STU));//新建立一个结点;
        if(p == NULL)
        {
            printf("内存分配失败! \n");
            return;
        }
        fscanf(fp,"% s% s% s% s% s",p -> no,p -> name,p -> cj,p -> bm,p -> jg);
        fscanf(fp,"% d% d% d",&p -> year,&p -> month,&p -> day);
        tail -> next = p;
        p -> next = NULL;
        tail = p;
    }
    fclose(fp);//关闭文件;
    printf("设备数据输入成功\n");
    return;
}
```

```c
void createkeyboard( )//从键盘中输入
{
    int i,n,j,n1;
    char no[20],select;
    STU * p2, * p, * tail;
    printf("您选择从键盘输入数据\n");
    tail = &head;//指向头文件;
    while(1)
    {
        printf("请输入设备信息:\n");
        p = (STU * )malloc(sizeof(STU));
        if(p == NULL)
        {
            printf("建立链表时内存分配失败! \n");
            return;
        }
        do
        {
            j = 1;
            p2 = head. next;
            printf("输入 7 位设备号:");
            scanf("%s",no);
            fflush(stdin);
            if(strlen(no) != 7)
            {
                printf("设备号错误,请重新输入! \n");
                j = 0;
                continue;
            }
            while(p2 != NULL)
            {
                if(strcmp(p2 -> no,no) == 0)
                {
                    printf("设备号重复,请重新输入! \n");
                    j = 0;
                    break;
                }
                p2 = p2 -> next;
            }
```

```
    } while( j != 1 );
strcpy( p -> no, no );
printf( "设备号正确,请输入其他信息! \n" );
printf( "请输入设备名称:\n" );
scanf( "%s", p -> name );
fflush( stdin );
printf( "请输入生产厂家:\n" );
scanf( "%s", p -> cj );
printf( "请输入使用部门:\n" );
scanf( "%s", p -> bm );
printf( "请输入购买价格:\n" );
scanf( "%s", p -> jg );
n1 = atoi( p -> jg );//atoi 函数功能是将数字字符串转换为整数
while( 1 )
{
    if( n1 < =0 )
    {
        printf( "价格输入不合理,请重新输入:\n" );
        scanf( "%s", p -> jg );
        n1 = atoi( p -> jg );
    }
    else
    {
        break;
    }
}
printf( "请输入购买年份:\n" );
scanf( "%d", &p -> year );
while( 1 )
{
    if( p -> year < 1970 || p -> year > 2023 )
    {
        printf( "年份不合理,请重新输入:\n" );
        scanf( "%d", &p -> year );
    }
    if( p -> year > 1969 && p -> year < 2024 )
    {
        break;
    }
}
```

```
        printf("请输入购买月份:\n");
        scanf("%d",&p->month);
        while(1)
        {
            if(p->month<1 || p->month>12)
            {
                printf("月份不合理,请重新输入:\n");
                scanf("%d",&p->month);
            }
            if(p->month>0 && p->month<13)
            {
                break;
            }
        }
        printf("请输购买日期:\n");
        scanf("%d",&p->day);
        if(p->month==1 || p->month==3 || p->month==5 || p->month==7 || p->month==8
 || p->month==10 || p->month==12)
        {
            while(1)
            {
                if(p->day<1 || p->day>31)
                {
                    printf("日期不合理,请重新输入:\n");
                    scanf("%d",&p->day);
                }
                if(p->day>0 && p->day<32)
                {
                    break;
                }
            }
        }
        if(p->month==4 || p->month==6 || p->month==9 || p->month==11)
        {
            while(1)
            {
                if(p->day<1 || p->day>30)
                {
                    printf("日期不合理,请重新输入 \n");
```

```
                        scanf("%d",&p->day);
                }
                if(p->day>0 && p->day<31)
                {
                        break;
                }
        }
}
if(p->month==2)
{
        if((p->year%4==0 && p->year%100!=0)||(p->year%400==0))
        {
                while(1)
                {
                        if(p->day<1 || p->day>29)
                        {
                                printf("日期不合理,请重新输入\n");
                                scanf("%d",&p->day);
                        }
                        if(p->day>0 && p->day<30)
                        {
                                break;
                        }
                }
        }
        else
        {
                while(1)
                {
                        if(p->day<1 || p->day>28)
                        {
                                printf("日期不合理,请重新输入\n");
                                scanf("%d",&p->day);
                        }
                        if(p->day>0 && p->day<29)
                        {
                                break;
                        }
                }
```

```
            }
        }
        tail -> next = p;
        p -> next = NULL;
        tail = p;
        fflush(stdin);
        printf("是否继续添加设备信息(y/n 或者 Y/N)？\n");
        getchar();
        select = getchar();
        if(select == 'N' || select == 'n')
        {
            break;
        }
    }
    return;
}

void showdata()//通过设备号来查询设备信息;
{
    char no[20];
    STU * p;
    printf("请输入需要查询的设备号:\n");
    getchar();
    gets(no);
    p = findnode(no);
    if(p == NULL)
    {
        printf("设备信息不存在！\n");
        return;
    }
    else
    {
        printf("设备信息如下:\n");
    printf(" -----------------------------------------------------------
-------- \n");
        printf("设备号 ----- 设备名称 -------- 设备厂家 --------- 设备部门 -------------
设备价格 ------------- 购入时间 \n");
        printf(" -----------------------------------------------------------
------- \n");
```

```
    printf("%5s%-5s%-10s%-8s%-8s%-5d-%d-%d\n",p->no,p->name,p->cj,p->bm,
p->jg,p->year,p->month,p->day);
    printf("-----------------------------------------------------------
----------\n");
    }
    return;
}

void Pshowdata()//显示所有设备信息
{
    int select;
    STU *p;
    p = head.next;
    if(head.next == NULL)
    {
        printf("未创建设备信息链表! \n");
        return;
    }
    printf("请选择数据输出的方式:\n");
    printf("1:把数据直接输出到屏幕上\n");
    printf("2:把数据存到文件中\n");
    scanf("%d",&select);
    switch(select)
    {
    case 1:printfscreen();break;
    case 2:printffile();break;
    defaul:printf("选择错误! \n");
    }
    return;
}

void printfscreen()
{
    STU *p;
    p = head.next;
    if(head.next == NULL)
    {
        printf("未创建链表! \n");
        return;
    }
```

```
        printf("该设备信息如下\n");
        printf(" ---------------------------------------------- \n");
        printf("设备号    设备名称      购买厂家      部门     价格      时间  \n");
        printf(" ---------------------------------------------- \n");
        while(p != NULL)
        {
            printf("%s% -10s% -10s% -10s% -10s% -5d -%d -%d\n",p->no,p->name,p->
cj,p->bm,p->jg,p->year,p->month,p->day);
            printf(" ---------------------------------------------- \n");
            p = p->next;
        }
        return;
    }

    void printffile()
    {
        STU * p;
        FILE * fp;
        fp = fopen("answer. txt","w");//打开文件;
        p = head. next;
        if(head. next == NULL)
        {
            printf("未创建链表! \n");
            return;
        }
        while(p != NULL)
        {
            fprintf(fp,"% -10s% -10s% -10s% -10s% -10s% -5d% -3d% -3d\n",p->no,p->
name,p->cj,p->bm,p->jg,p->year,p->month,p->day);
            p = p->next;
        }
        fclose(fp);//关闭文件;
        printf("导入文件 answer. txt 成功! \n");
        return;
    }

    void Bshowdata()//通过部门名称来查询设备信息;
    {
        char bm[10];
        int i = 0, select;
```

```c
    STU * p;
    if( head. next == NULL)
    {
        printf( "未创建设备信息链表！\n" );
        return;
    }
    while( 1 )
    {
        printf( "请输入需要查询的部门:\n" );
        getchar( );
        gets( bm );
        p = head. next;
        while( p != NULL)
        {
            if( strcmp( p -> bm, bm) == 0)
            {
                printf( "设备号;% s\n", p -> no);
                printf( "设备名称;% s\n", p -> name);
                printf( "购买价格;% s\n", p -> jg);
                printf( "使用部门;% s\n", p -> bm);
                printf( "生产厂家;% s\n", p -> cj);
                printf( "购买时间;% d - % d - % d\n", p -> year, p -> month, p -> day);
                i++;
            }
            p = p -> next;
        }
        if( i == 0)
        {
            printf( "部门不存在！\n" );
            fflush( stdin);
            return;
        }
        else
        {
            printf( "\n 使用的设备总数为% d 个\n\n", i);
        }
        fflush( stdin);
        printf( "是否继续查询设备信息( y/n 或者 Y/N)？\n" );
        select = getchar( );
```

```c
            if( select == 'N' || select == 'n')
            {
                break;
            }
        }
        return;
    }

void modify( )
{
    STU * p, * p2;
    int j,sele,n1;
    char no[20];
    if( head. next == NULL)
    {
        printf("未创建设备信息链表! \n");
        return;
    }
    printf("请输入需要修改的设备号:");
    getchar( );
    gets( no);
    p = findnode( no);
    if( p == NULL)
    {
        printf("设备信息不存在\n");
        return;
    }
    printf("该设备的信息为:\n");
    printf("设备号;%s\n",p -> no);
    printf("设备名称;%s\n",p -> name);
    printf("购买价格;%s\n",p -> jg);
    printf("使用部门;%s\n",p -> bm);
    printf("生产厂家;%s\n",p -> cj);
    printf("购买时间;%d - %d - %d\n",p -> year,p -> month,p -> day);
    sbshowmenu( );
    while(1)
    {
        printf("请选择需要的操作:");
        scanf("%d",&sele);
```

```
if( sele == 0 )
{
    return;
}
if( sele == 1 )
{
    printf( "请输入修改过后的信息:" );
    do{
        j = 1;
        p2 = head. next;
        printf( "输入 7 位设备号:" );
        scanf( "% s" , no );
        fflush( stdin );
        if( strlen( no ) != 7 )
        {
            printf( "设备号错误,请重新输入! \n" );
            j = 0;
            continue;
        }
        while( p2 != NULL )
        {
            if( strcmp( p2 -> no , no ) == 0 )
            {
                printf( "设备号重复,请重新输入! \n" );
                j = 0;
                break;
            }
            p2 = p2 -> next;
        }
    } while( j != 1 );
    strcpy( p -> no , no );
    printf( "设备号正确! \n" );
}
if( sele == 2 )
{
    printf( "请输入设备名:" );
    scanf( "% s" , p -> name );
}
```

```
if( sele == 3 )
{
    printf( "请输入购买价格:" );
    scanf( "%s", p -> jg );
    n1 = atoi( p -> jg );
    while( 1 )
    {
        if( n1 < =0 )
        {
            printf( "价格输入不合理,请重新输入:\n" );
            scanf( "%s", p -> jg );
            n1 = atoi( p -> jg );
        }
        else
        {
            break;
        }
    }
}
if( sele == 4 )
{
    printf( "请输入使用部门:" );
    scanf( "%s", p -> bm );
}
if( sele == 5 )
{
    printf( "请输入生产厂家:" );
    scanf( "%s", p -> cj );
}
if( sele == 6 )
{
    printf( "请重新输入:\n" );
    printf( "请输入购买年份:" );
    scanf( "%d", &p -> year );
    while( 1 )
    {
        if( p -> year < 1970 || p -> year > 2023 )
        {
            printf( "年份不合理,请重新输入:" );
```

```
            scanf("%d",&p->year);
        }
        if(p->year>1969 && p->year<2024)
        {
            break;
        }
    }
    printf("请输入购买月份:");
    scanf("%d",&p->month);
    while(1)
    {
        if(p->month<1 || p->month>12)
        {
            printf("月份不合理,请重新输入:");
            scanf("%d",&p->month);
        }
        if(p->month>0 && p->month<13)
        {
            break;
        }
    }
    printf("请输入购买日期:");
    scanf("%d",&p->day);
    if(p->month==1 || p->month==3 || p->month==5 || p->month==7 || p->month==8 || p->month==10 || p->month==12)
    {
        while(1)
        {
            if(p->day<1 || p->day>31)
            {
                printf("日期不合理,请重新输入:");
                scanf("%d",&p->day);
            }
            if(p->day>0 && p->day<32)
            {
                break;
            }
        }
    }
```

```c
        if( p -> month == 4 || p -> month == 6 || p -> month == 9 || p -> month == 11 )
        {
            while( 1 )
            {
                if( p -> day < 1 || p -> day > 30 )
                {
                    printf( "日期不合理,请重新输入" );
                    scanf( "%d" ,&p -> day );
                }
                if( p -> day > 0 && p -> day < 31 )
                {
                    break;
                }
            }
        }
        if( p -> month == 2 )
        {
            if( ( p -> year % 4 == 0 && p -> year % 100 != 0 ) || ( p -> year % 400 == 0 ) )
            {
                while( 1 )
                {
                    if( p -> day < 1 || p -> day > 29 )
                    {
                        printf( "日期不合理,请重新输入" );
                        scanf( "%d" ,&p -> day );
                    }
                    if( p -> day > 0 && p -> day < 30 )
                    {
                        break;
                    }
                }
            }
            while( 1 )
            {
                if( p -> day < 1 || p -> day > 28 )
                {
                    printf( "日期不合理,请重新输入" );
                    scanf( "%d" ,&p -> day );
                }
```

```
                        if( p -> day > 0 && p -> day < 29 )
                        {
                            break;
                        }
                    }
                }
            }
        printf( "修改成功！\n" );
        fflush( stdin );
        printf( "是否继续修改设备信息( y/n 或者 Y/N )？\n" );
        getchar( );
        sele = getchar( );
        if( sele == 'N' || sele == 'n' )
        {
            return;
        }
    }
}

void deletenode( )//给定设备号,删除设备信息
{
    int n,i;
    char no[20],select;
    STU * p, * pre;
    if( head. next == NULL )
    {
        printf( "未创建设备信息链表！\n" );
        return;
    }
    printf( "请输入需要删除的设备的设备号:\n" );
    getchar( );
    gets( no );
    n = getindex( no );
    if( n == 0 )
    {
        printf( "设备信息不存在！\n" );
        return;
    }
    pre = &head;
```

```
            for( i = 1 ; i < = n - 1 ; i++ )
            {
                    pre = pre - > next ;
            }
        p = pre - > next ;
        printf( "该设备的信息为 : \n" ) ;
        printf( "设备号 : % s\n" , p - > no ) ;
        printf( "设备名称 : % s\n" , p - > name ) ;
        printf( "购买价格 : % s\n" , p - > jg ) ;
        printf( "使用部门 : % s\n" , p - > bm ) ;
        printf( "生产厂家 : % s\n" , p - > cj ) ;
        printf( "购买时间 : % d - % d - % d\n" , p - > year , p - > month , p - > day ) ;
        fflush( stdin ) ;
        printf( "是否确认删除( Y/N )? \n" ) ;
        select = getchar( ) ;
        if( select == 'Y' || select == 'y')
        {
                if( p - > next != NULL)
                {
                        pre - > next = p - > next ;
                        free( p ) ;
                        printf( "删除成功! \n" ) ;
                }
                else
                {
                        pre - > next = NULL ;
                        free( p ) ;
                        printf( "删除成功! \n" ) ;
                }
        }
        if( select == 'N' || select == 'n')
        {
                printf( "删除取消! \n" ) ;
        }
        return ;
    }

void freelist( )//释放结点 ;
    {
```

```
        STU * p;
        p = head. next;
        while( p ! = NULL)
        {
            head. next = p - > next;
            free( p) ;
            p = head. next;
        }
        printf( " \n 设备信息已全部删除！ \n" ) ;
        return ;
    }

void add_data( )
{
    int add ,i ,j ,count = 0 ,n1 ,f = 0 ;
    STU * p, * p2, * a;
    if( head. next == NULL)
    {
        printf( "未创建链表！ \n" ) ;
        return ;
    }
    a = head. next;
    system( "cls" ) ;
    printf( " ****** 您已选择通过键盘添加数据 ****** \n" ) ;
    printf( "请输入需要添加的个数:" ) ;
    scanf( "% d" ,&add) ;
    while( a ! = NULL)
    {
        count++ ;
        a = a - > next;
    }
    a = head. next;//再次指向头结点;
    for( i = 1 ;i < = count - 1 ;i++ )//这不是为了指向最后一个结点前的那个 next;
    {
        a = a - > next;
    }
    for( i = 1 ;i < = add ;i++ )
    {
```

```
while(1)
{
    f = 0;
    printf("请输入设备信息:\n");
    p = (STU * ) malloc(sizeof(STU));
    if(p == NULL)
    {
        printf("建立链表时内存分配失败! \n");
        return;
    }
    do
    {
        j = 1;
        p2 = head. next;
        printf("输入 7 位设备号:");
        scanf("%s", p -> no);
        fflush(stdin);
        if(strlen(p -> no) != 7)
        {
            printf("设备号错误,请重新输入! \n");
            j = 0;
            continue;
        }
        while(p2 != NULL)
        {
            if(strcmp(p2 -> no, p -> no) == 0)
            {
                printf("设备号重复,请重新输入! \n");
                j = 0;
                break;
            }
            p2 = p2 -> next;
        }
    } while(j != 1);
    strcpy(p -> no, p -> no);
    printf("设备号正确,请输入其他信息! \n");
    printf("请输入设备名称:");
    scanf("%s", p -> name);
    fflush(stdin);
```

```
printf("请输入生产厂家:");
scanf("%s",p->cj);
printf("请输入使用部门:");
scanf("%s",p->bm);
printf("请输入购买价格:");
scanf("%s",p->jg);
n1=atoi(p->jg);
while(1)
{
    f=0;
    if(n1<=0)
    {
        printf("价格输入不合理,请重新输入:\n");
        f=1;
        scanf("%s",p->jg);
        n1=atoi(p->jg);
    }
    else
    {
        break;
    }
}
printf("请输入购买年份:");
scanf("%d",&p->year);
while(1)
{
    f=0;
    if(p->year<1970||p->year>2023)
    {
        printf("年份不合理,请重新输入:");
        f=1;
        scanf("%d",&p->year);
    }
    if(p->year>1969 && p->year<2024)
    {
        break;
    }
}
printf("请输入购买月份:");
```

```
        scanf("%d",&p->month);
        while(1)
        {
            f=0;
            if(p->month<1 || p->month>12)
            {
                printf("月份不合理,请重新输入:");
                f=1;
                scanf("%d",&p->month);
            }
            if(p->month>0 && p->month<13)
            {
                break;
            }
        }
        printf("请输购买日期:");
        scanf("%d",&p->day);
        if(p->month==1 || p->month==3 || p->month==5 || p->month==7 || p->month
==8 || p->month==10 || p->month==12)
        {
            while(1)
            {
                f=0;
                if(p->day<1 || p->day>31)
                {
                    printf("日期不合理,请重新输入:");
                    f=1;
                    scanf("%d",&p->day);
                }
                if(p->day>0 && p->day<32)
                {
                    break;
                }
            }
        }
        if(p->month==4 || p->month==6 || p->month==9 || p->month==11)
        {
            while(1)
            {
```

```
            f = 0;
            if( p -> day < 1 || p -> day > 30)
            {
                printf("日期不合理,请重新输入");
                f = -1;
                scanf("%d",&p -> day);
            }
            if( p -> day > 0 && p -> day < 31)
            {
                break;
            }
        }
    }
if( p -> month == 2)
{
    if(( p -> year % 4 == 0 && p -> year % 100 != 0) || ( p -> year % 400 == 0))
    {
        while(1)
        {
            f = 0;
            if( p -> day < 1 || p -> day > 29)
            {
                printf("日期不合理,请重新输入");
                f = 1;
                scanf("%d",&p -> day);
            }
            if( p -> day > 0 && p -> day < 30)
            {
                break;
            }
        }
    }
    else
    {
        while(1)
        {
            f = 0;
            if( p -> day < 1 || p -> day > 28)
            {
```

```
                              printf("日期不合理,请重新输入");
                              f = 1;
                              scanf("%d",&p -> day);
                         }
                    if(p -> day > 0 && p -> day < 29)
                         {
                              break;
                         }
                    }
                }
            }
        if(f == 0)
            {
                a -> next = p;
                p -> next = NULL;
                a = p;
                break;
            }
        }
    }
    printf("输入成功! \n");
    return;
}

void tongji()//增加设备的个数;
{
    int select;
    printf("请输入你选择统计的内容\n");
    printf("1:每种设备的总数(按照设备名称)\n");
    printf("2:每个部门使用的设备总数\n");
    printf("3:返回上一步\n");
    scanf("%d",&select);
    switch(select)
    {
    case 1:find_sbzongshu();break;
    case 2:find_bmshebeishu();break;
    case 3:return;
    defaul:printf("选择错误! \n");
    }
```

```
        return;
}

void find_sbzongshu( )//统计每种设备的总数(按照设备名称)
{
        int i,j,len = 0,n = 0;
        int a[10000] = { 0 },count[10000] = { 0 };
        char str[10][10000];
        STU * p, * pi, * pj, * pre;
        p = head. next;
        pi = head. next;
        pj = head. next;
        pre = head. next;
        while( p ! = NULL)
        {
                n++ ;
                p = p -> next;
        }
        for( i = 0;i < n;i++ )
        {
                pj = head. next;
                for( j = 0;j < n;j++ )
                {
                        if( strcmp( pi -> name,pj -> name)== 0 && a[i] ! = 1 && i ! = j)
                        {
                                a[j] = 1;
                        }
                        pj = pj -> next;
                }
                pi = pi -> next;
        }
        for( i = 0;i < n;i++ )
        {
                if( a[i]== 0)
                {
                        strcpy( str[len],pre -> name);
                        len++ ;
                }
```

```
                pre = pre -> next;
            }
        pre = head. next;
        for( i = 0;i < len;i++ )
        {
            pre = head. next;
            for( j = 0;j < n;j++ )
            {
                if( strcmp( str[i] ,pre -> name)== 0 )
                {
                    count[i]++ ;
                }
                pre = pre -> next;
            }
            printf( "% s 有% d 个 \n" ,str[i] ,count[i]) ;
        }
    }

void find_bmshebeishu( )
{
    int i,j,len = 0,n = 0;
    int a[10000] = { 0 } ,count[10000] = { 0 };
    char str[10][10000];
    STU * p, * pi, * pj, * pre;
    p = head. next;
    pi = head. next;
    pj = head. next;
    pre = head. next;
    while( p ! = NULL)
    {
        n++ ;
        p = p -> next;
    }
    for( i = 0;i < n;i++ )
    {
        pj = head. next;
        for( j = 0;j < n;j++ )
        {
```

```
        if( strcmp( pi -> bm, pj -> bm) == 0 && a[ i ] ! = 1 && i ! = j)
        {
            a[ j ] = 1;
        }
        pj = pj -> next;
    }
    pi = pi -> next;
}
for( i = 0; i < n; i++ )
{
    if( a[ i ] == 0)
    {
        strcpy( str[ len ], pre -> bm);
        len++;
    }
    pre = pre -> next;
}
pre = head. next;
for( i = 0; i < len; i++ )
{
    pre = head. next;
    for( j = 0; j < n; j++ )
    {
        if( strcmp( str[ i ], pre -> bm) == 0)
        {
            count[ i ]++;
        }
        pre = pre -> next;
    }
    printf( "% s 有% d 个\n", str[ i ], count[ i ]);
}
}
```

第六节 测试效果

系统运行主界面如图 5－3 所示。

```
-------------------------------
*******设备信息管理系统*******
-------------------------------
          1.输入设备信息
          2.指定设备号,显示设备信息
          3.给定使用部门名称,显示设备信息
          4.给定设备号,修改该设备信息
          5.给定设备号,删除该设备信息
          6.显示所有的设备信息
          7.统计设备的种类
          8.通过键盘增加设备信息
          0.退出
-------------------------------
  作者：医疗器械学院
  All rights reserved
-------------------------------
  你的选择:请选择需要的操作：
```

图 5－3 系统运行主界面

“输入设备信息”运行界面如图 5－4 所示。

```
 你的选择:请选择需要的操作：1
请选择数据输入的方式
1:以文件方式导入
2:从键盘上输入
3:返回上一步
2
你选择从键盘输入数据
请输入设备信息:
输入7位设备号：1001001
设备号正确，请输入其他信息!
请输入设备名称：
心电图机
请输入生产厂家：
艾瑞康
请输入使用部门：
内科
请输入购买价格：
36900
请输入购买年份：
2023
请输入购买月份：
6
请输购买日期：
6
是否继续添加设备信息(y/n或者Y/N)?
n
请按任意键继续. . .
```

图 5－4 输入设备信息

“指定设备号，显示设备信息”运行界面如图 5－5 所示。

```
 你的选择:请选择需要的操作：2
请输入需要查询的设备号:
1001001
设备信息如下:
-------------------------------------------------------------------------------------------------
设备号-----设备名称--------设备厂家---------设备部门------------设备价格------------购入时间
-------------------------------------------------------------------------------------------------
1001001    心电图机        艾瑞康              内科                36900               2023 -6-6
-------------------------------------------------------------------------------------------------
请按任意键继续. . .
```

图 5－5 指定设备号，显示设备信息

"给定使用部门名称，显示设备信息"运行界面如图 5 – 6 所示。

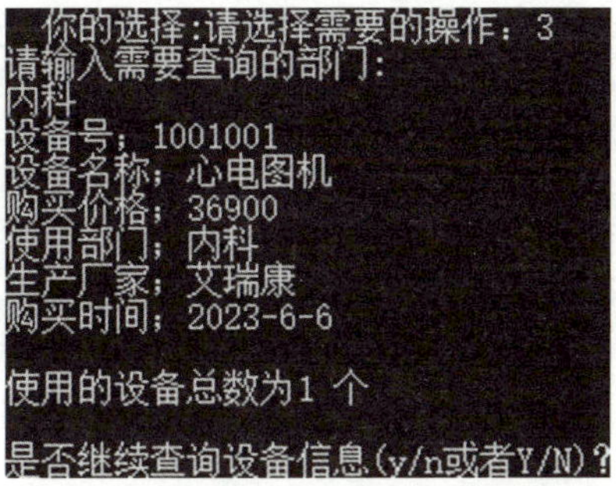

图 5 – 6 给定使用部门名称，显示设备信息

"给定设备号，修改该设备信息"运行界面如图 5 – 7 所示。

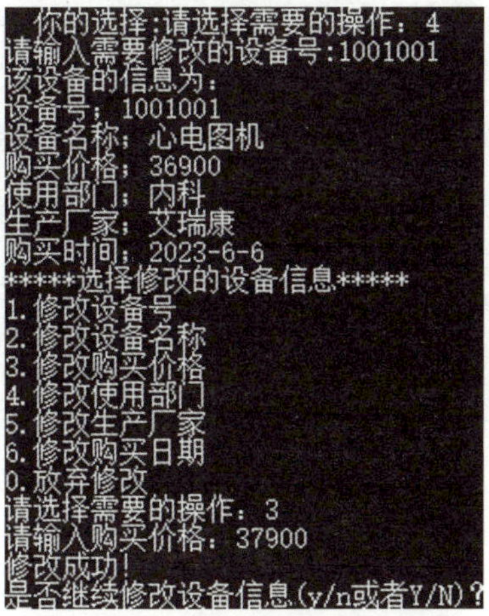

图 5 – 7 按设备号修改设备信息

"给定设备号，删除该设备的信息"运行界面如图 5 – 8 所示。

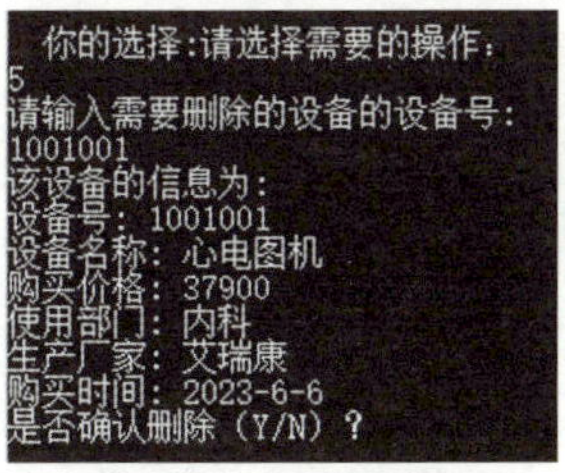

图 5 – 8 按设备号删除设备信息

"显示所有的设备信息"运行界面如图 5 – 9 所示。

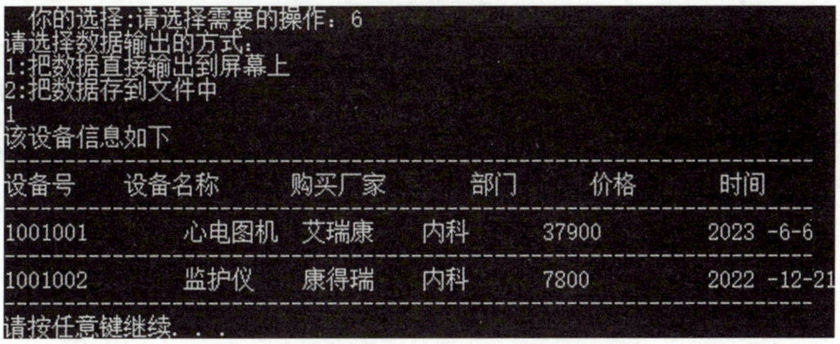

图 5 – 9 显示所有的设备信息

"统计设备的种类"运行界面如图5–10所示。

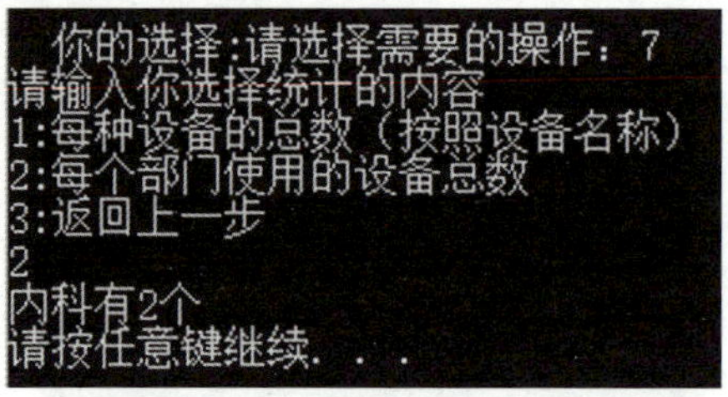

图5–10 统计设备的种类

"通过键盘增加设备信息"运行界面如图5–11所示。

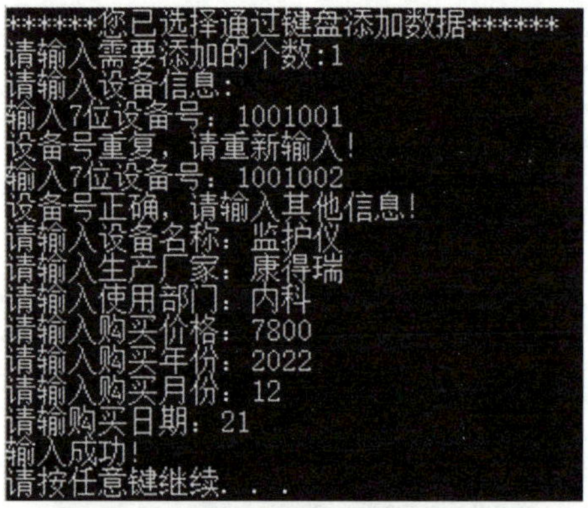

图5–11 通过键盘增加设备信息

目标检测

答案解析

一、选择题

1. 设计一个计算机程序最基本的工作是（　　）。

   A. 制定正确的算法

   B. 选择合理的数据结构

   C. 制定正确的算法和选择合理的数据结构

   D. 以上都不是

2. 结构化程序基本结构不包括（　　）。

   A. 顺序　　　　　　B. 选择　　　　　　C. 循环　　　　　　D. 嵌套

3. 链表是一种采用（　　）存储结构存储的线性表。

   A. 网状　　　　　　B. 星式　　　　　　C. 链式　　　　　　D. 顺序

4. 有以下结构体说明和变量的定义，且指针p指向变量a，指针q指向变量b，则不能把结点b连接到结点a之后的语句是（　　）。

```
struct node{
     char data;
     struct node * next;
```

　a,b, * p = &a, * q = &b;

A.　(* p). next = q　　　B. p. next = &b　　　　C. a. next = q　　　　　　　D. p -> next = &b;

5. 下面程序执行后的输出结果是（　　）。

```
#include < stdio. h >
struct NODE {      int num;struct NODE * next;} ;
int main( )
{      struct NODE s[3] = {{1,\0},{2,\0},{3,\0}}, * p, * q, * r;
    int sum = 0;
    s[0]. next = s + 1;s[1]. next = s + 2;s[2]. next = s;
    p = s;q = p -> next;r = q -> next;
    sum + = q -> next -> num;sum + = r -> next -> next -> num;
    printf( "% d" ,sum);
    return 0;
}
```

A. 3　　　　　　　B. 6　　　　　　　C. 5　　　　　　　D. 4

二、简答题

1. 结构化程序设计的总体思想是什么?

2. 模块化设计时要遵循什么原则?

书网融合……

本章小结

参考文献

［1］殷人昆．数据结构（C 语言版）［M］．3 版．北京：清华大学出版社，2023．

［2］唐懿芳，陶南，林萍，等．数据结构与算法项目化教程［M］．北京：清华大学出版社，2022．

［3］严蔚敏，陈文博．数据结构及应用算法教程［M］．北京：清华大学出版社，2011．

［4］张光桃，陈思维，薛景，等．C 语言实例化教程［M］．北京：清华大学出版社，2022．

［5］徐舒，周建国．C 语言项目化教程［M］．北京：清华大学出版社，2022．

［6］曹为刚，倪美玉．C 语言程序设计与项目案例教程［M］．北京：清华大学出版社，2023．

［7］孙霞，冯筠，张敏，等．C 语言程序设计层次化实例教程［M］．北京：清华大学出版社，2021．

［8］禹晶，肖创柏，廖庆敏．数字图像处理［M］．北京：清华大学出版社，2022．

［9］任明武．图像处理与图像分析基础（C/C++语言版）［M］．北京：清华大学出版社，2022．

［10］程远航．数字图像处理基础及应用［M］．北京：清华大学出版社，2018．

［11］王德选，陈秀玲．C 语言项目化教程［M］．北京：电子工业出版社，2023．

［12］王雷，白雪飞，王嵩，等．程序设计与计算思维（基于 C 语言）［M］．北京：电子工业出版社，2022．

［13］景禹．数据结构与算法完全手册［M］．北京：电子工业出版社，2023．

［14］王新宇，毛启容．数据结构与算法设计［M］．北京：电子工业出版社，2023．

［15］阮秋琦．数字图像处理学［M］．4 版．北京：电子工业出版社，2022．

［16］陈岗．图像处理理论解析与应用［M］．北京：电子工业出版社，2021．

［17］李云清，杨庆红，揭安全．数据结构（C 语言版）［M］．4 版．北京：人民邮电出版社，2023．

［18］彭顺生，朱清妍．C 语言项目式系统开发教程（微课版）［M］．2 版．北京：人民邮电出版社，2023．

［19］朱秀昌，唐贵进．现代数字图像处理［M］．北京：人民邮电出版社，2020．

［20］彭凌西，彭绍湖，唐春明，等．从零开始：数字图像处理的编程基础与应用［M］．北京：人民邮电出版社，2022．